KB190428

kind lady

✳

따뜻한 여사의

# 월간 집밥

따뜻한 여사(김수림) 지음

한 번 요리로 한 달이 편한 밀프렙

[ 일러두기 ]

1. 전자레인지 해동 시간은 700W 기준입니다. 1000W 조리 시 이 책에 적힌 해동 시간 나누기 1.5를 해 주세요.
2. 전자레인지나 에어프라이기에서 음식을 해동할 때는 뚜껑의 스팀홀을 열거나 비닐랩을 씌운 다음 증기 구멍을 한 두 개 뚫어 주세요.
3. 레시피보다 많은 양을 요리하고 싶다면 책에 적힌 재료 용량에 원하는 양만큼 배수를 하고, 레시피보다 적은 양을 요리하고 싶다면 재료 용량에서 나누기한 뒤 조리하세요.
4. 밀프렙에 들어가는 밥은 갓 지은 밥으로 해야 해동할 때 푸석해지지 않습니다.
5. 이 책에 나오는 제품 가운데 '락앤락 탑클라스 실리콘뚜껑 유리 밀폐용기 630ml', '그램웰의 오늘우림 코인 육수', '한국생활건강 파로 엠머밀'은 소정의 협찬(사은품용)을 받았습니다. 그 외의 언급된 제품이나 사진 속 제품은 저자 개인이 사용하는 제품이며 그와 관련해 어떠한 협찬이나 금전적 이익도 제공받지 않았습니다.

냉동 밀프렙 찬양론을 곁들인

# Prologue

제가 처음으로 올린 밀프렙 영상 제목은 '엄마표 건강한 냉동식품 만들기'였어요. 반응은 폭발적이었습니다. 그 전까지만 해도 건강한 가정식 요리 콘텐츠를 올리던 유튜버였기 때문에 냉동식품을 주제로 영상을 올린다는 것은 저에게 큰 도전이었어요. '냉동'이란 단어에 선입견이 있었거든요. 그래도 마음 한편에는 확신이 있었던 것 같아요. '냉동'은 바쁜 현대인에게 떼려야 뗄 수 없는 '치트키' 같은 것임을요. 제가 이런 확신을 갖게 된 데에는 계기가 있었습니다.

저는 요리를 사랑하는 프리랜서 워킹맘이었어요. 둘째를 낳고 전공을 살려 일러스트레이터 일을 하게 되었습니다. 집에서 아이들을 돌보면서 일할 수 있다는 장점이 있었어요. 하지만 육아까지 얹은 재택근무의 현실은 그리 녹록지 않았습니다. 일이 많을 때는 프로젝트가 몇 개씩 몰리고, 그러면 몇 달은 작업에 매달려야 하는데, 아침부터 밤까지 컴퓨터 앞에서 그림 작업을 해야만 했어요. 아이들을 재우고 샤워로 잠을 깬 뒤 다시 새벽까지 작업하는 일이 부지기수였죠.
거기에 살림, 특히 요리는 무조건 해야 했어요. 배달시켜 먹다간 버는 돈 족족 외식비로 나가니까요. 돈은 둘째치고 저에겐 가족에게 직접 좋은 음식을 해 먹이고 싶다는 책임감도 강했습니다. 그래서 자는 시간, 쉬는 시간을 쪼개 요리했어요. 그러다 어느새 온라인 마켓 장바구니에 냉동식품을 담는 저를 발견했습니다. 냉동식품은 데우기만 하면 되니까 편리하지 않을까 생각했던 거지요. 그러다 상세페이지에 있는 냉동식품 성분표를 보고 그런 생각이 들었어요. '이렇게 냉동식품을 사 먹이면, 밖에서 조미료 가득한 음식을 사 먹는 거랑 다를 게 없지 않을까?'하고요.

시중에서 파는 냉동식품, 참 편리하긴 한데 맛과 보존을 위해 첨가물이 너무 많이 들어 있었습니다. 나는 왜 냉동식품을 장바구니에 담았을까? 사람들은 왜 냉동식품을 살까? 생각해 보았어요.

냉동식품을 찾게 된 과정에 대해 이런 결론에 이르렀습니다.

1. 식재료를 냉장고에 넣어 두었다가 깜빡하거나 귀찮아 요리를 하지 않은 채로 썩어서 버리게 된다.
2. 반면 냉동식품은 유통기한이 대체로 3개월 이상이기 때문에 필요할 때 꺼내서 데워 먹기만 하면 된다.
3. 어떤 종류의 요리들은 만들어서 냉장실에 두었다가 데워 먹는 것보다 냉동한 다음 해동해서 먹는 것이 본연의 맛을 더 잘 살린다.

힘든 프로젝트를 끝내고 나만의 건강한 냉동식품, 냉동 밀프렙을 만들어봐야겠다고 결심했어요. 집에서 냉동 밀프렙을 만들고 나니 사 먹는 냉동식품보다 훨씬 장점이 많았습니다.

하나, 집에서 만든 냉동 밀프렙의 유통 과정은 냉장고에서 주방까지 몇 걸음뿐이라 온라인 마켓이나 마트에서 사올 때처럼 녹았다 얼었다 하지 않아 변질될 염려가 없다. 그래서 방금한 음식처럼 맛있게 먹을 수 있다.

둘, 시판 냉동식품은 가격 경쟁력을 높이기 위해 저가의 재료를 사용하고 첨가물을 많이 넣지만 직접 만들면 건강하고 신선한 재료로 만들 수 있다.

셋, 재료를 냉장 보관하면 결국 다 못 먹고 버리게 되지만 처음부터 냉동 밀프렙으로 만들어 두면 한번에 조리하기 때문에 재료를 버릴 일이 없다.

넷, 한 번 요리할 때 양이 적거나 많거나 수고의 차이가 크지 않다.

다섯, 한 번 만들 때 많이 만들기 때문에 냉동 밀프렙을 만들고 그날의 식사를 동시에 차릴 수도 있다.

말이 '냉동 밀프렙'이지, 사실 우리는 먹고 남은 음식이나 요리하다 남은 재료를 냉동실에 넣어 둡니다. 그런데 생각을 조금 바꾸어 보면 어때요? 먹다 남은 요리 말고, 쓰다 남은 재료 말고 앞으로 '먹을' 요리를 조리해 '미리 얼리는' 거예요. 이게 바로 냉동 밀프렙입니다.

## Meal + Preparation

밀프렙이란 '식사'를 뜻하는 meal과 '준비'를 뜻하는 preparation이란 단어의 합성어예요. 보통은 일주일치 식사를 미리 준비해 놓고 냉장고에 보관했다가 끼니마다 꺼내 먹는 방식을 말해요. 그래서 '밀프렙' 하면 서로 다른 음식 5~7개를 미리 만들었다가 냉장고에 두는데 저는 한 가지 메뉴를 여러 개 냉동으로 만들어 생각날 때, 필요할 때 꺼내 데워 먹기만 하면 되게끔 냉동 밀프렙으로 방법을 바꾼 것이지요.

냉장 보관했던 음식과 냉동했던 음식을 비교해 보면, 냉장보다는 냉동한 음식이 훨씬 맛있었어요. 냉장실 문은 자주 여닫기 때문에 아무리 냉장고에 음식을 두었다 해도 맛이 변질될 수밖에 없습니다. 또한 많은 분이 마트에서 고기를 대량으로 구매한 다음 소분해서 바로 냉동실에 얼려 두는데(저도 옛날엔 그렇게 하는 게 익숙했고요.), 사실 고기는 생고기를 얼렸다 해동해서 조리하는 것보다 완전 조리한 뒤 얼려서 해동해 먹는 게 냄새가 훨씬 덜합니다. 다들 얼려둔 생고기를 상온에 해동했다가 누린내 나서 당황한 적 많으시죠? 그건 고기 문제라기보다 냉동 상태에 있던 고기의 수분이 녹으면서 수증기 형태로 기화되기 때문이에요. 고기에 있던 핏물과 기름기가 함께 기화되면서 누린내가 나는 것이지요. 때문에 냉동된 고기를 해동할 때는 냉장 해동하거나, 찬물에 담가 두거나, 초벌로 삶아야 하는데 바로 조리할 때보다 더 번거로워지게 되는 아이러니가 생깁니다.

그러니 어차피 할 요리 미리 한번에 만들었다가 냉동실에 두면 부담없이, 아무 때나 꺼내 먹고 싶을 때 데우기만 하면 돼요. 정말 편리하겠죠?

냉동 밀프렙 노하우를 유튜브에 올렸더니, 정말 많은 분이 공감해 주고 좋아해 주셨답니다. 그리고 댓글을 보며 저와 같은 고민을 하는 사람이 많다는 걸 알게 되었어요. 일하는 엄마는 물론 가정주부, 대학생, 어르신들……. 나이와 직업을 불문하고 비싼 외식비, 바쁜 일과 속에서 값싸게, 건강하게, 효율적으로 끼니를 해결할 방법을 찾고 계셨던 거죠. 그리고 이 고민의 해결책은 '냉동 밀프렙' 뿐이라는 결론에 이르게 되었습니다.

무엇보다 냉동 밀프렙은 저에게 주는 선물이나 다름없어요. 제 자신을 잘 먹일 수 있게 되었거든요. 힘들게 일한 날, 지쳐서 배는 고픈데 아무도 나를 챙겨 주지 않는 날. 냉동실에서 예쁘게 담긴 밀프렙을 꺼내 5분만 돌리면 맛있는 한 끼를 스스로에게 대접할 수 있거든요. 제 구독자 분들 가운데 자취하는 대학생이나 직장인 분도 많아요. 사실 저도 10년간 자취했기 때문에 그분들 마음을 누구보다 잘 알고 있답니다. 그런 분들이 제 영상을 본 뒤 냉동 밀프렙 레시피를 따라하며 식비도 아끼고 무엇보다 밥 차리기 귀찮을 때 간편하게 한 끼를 먹을 수 있게 되어 고맙다고 댓글을 달아 주세요. 바쁘고 지친 일상 속에서도 매번 배달 음식 시켜 먹지 않고, 정성스레 끼니를 챙겨 먹었다는 글을 보면 대견하면서 존경스러운 마음까지 생기곤 합니다.

제가 만든 밀프렙 레시피는 그리 대단하지 않아요. 특별한 기술도 아니고요. 하지만 요리하면서 느꼈던 생각과 노하우, 소소한 일상을 공유하는 것이 저에겐 큰 기쁨이고 보람입니다.

본인도 졸리면서 가족을 위해 아침을 준비하는 엄마, 가족을 위해 아침 일찍 출근터로 가는 가장, 부모님과 떨어져 타지에서 홀로 공부하거나 직장 다니는 젊은 친구들……. 또 제 채널에 찾아와 영상을 봐주시는 소중한 분들. 그분들에게 이 책을 바칩니다.

따뜻한 여사 김수림

# 차례
Contents

## 3월 March

## 4월 April



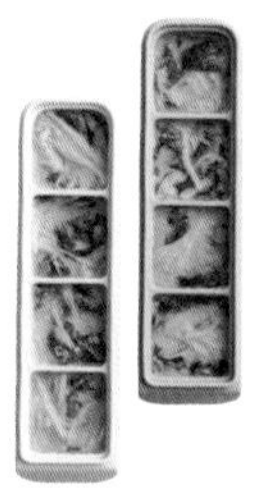

## 5월 May

## 6월 June

## 7월 July

## 8월 August

## 9월 September

## 10월 October

## 11월 November

## 12월 December

## Meal kit

# 연간 제철 식재료

1월

**시금치**

시금치는 겨울을 대표하는 채소로 11~3월 사이에 가장 달고 맛있어요. 비타민A가 풍부해서 노화를 늦추는 식재료예요.

▶ p.29 오색비빔밥

2월

**김치**

겨울에 담근 김장김치가 다 떨어져가고 신 김치가 될 때쯤 요리해 먹기 가장 좋아요. 적당히 잘 익은 김치로 돼지고기김치찜을 만들어 보세요.

▶ p.35 돼지고기김치찜

3월

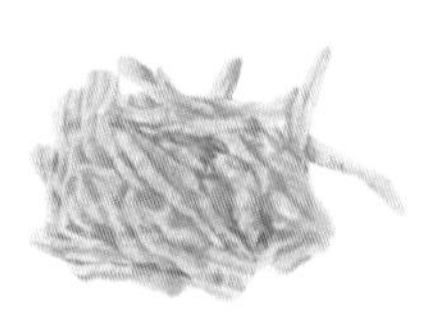

**황태**

겨우내 덕장에서 명태를 널어 얼렸다 녹였다 반복하며 만든 황태. 언제 먹어도 맛있지만 겨울이 지나자마자 먹는 황태가 품질이 좋아요. 그냥 먹어도 좋지만 찜이나 국으로 만들어 보세요.

▶ p.57 황탯국

4월

**취나물**

칼륨 함량이 많아 염분 배출에 탁월한 취나물! 다이어트에도 좋아요. 비교적 짠 음식인 제육볶음에 곁들여 보세요. 맛도 영양도 궁합이 좋아요.

▶ p.63 봄나물제육비빔밥, p.73 소고기취나물밥바

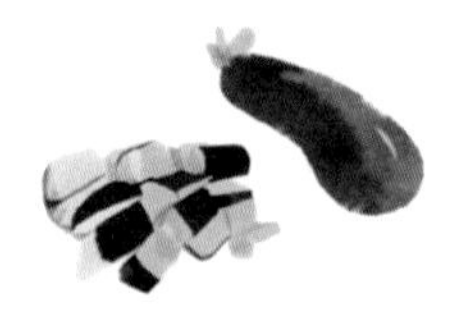

**가지**

4~8월이 제철인 가지. 언제 먹어도 좋은 식재료예요. 칼로리는 낮고 수분이 많아 다이어트 음식으로도 그만이에요. 항암 작용이 있는 건강 식재료랍니다.

▶ p.77 가지덮밥

**오징어**

7월~11월이 제철인 오징어는 제철에 먹으면 회로 먹어도 될 정도로 맛있어요. 몸통이 유백색으로 투명하고 윤기 있으며, 탄력 있는 것이 신선해요.

▶ p.87 미나리오징어덮밥

### 청양고추

매운맛을 사랑하는 우리나라 사람에게 빠질 수 없는 식재료예요. 6~11월이 제철이지만, 여름 청양고추는 정말 정말 매워요. 과피가 두꺼워 냉동보관하기 좋은 식재료예요.

▶ p.97 닭가슴살청양비빔밥

### 감자

쌀, 밀, 옥수수를 비롯한 4대 식량 작물 중 하나로 여러 요리에서 활용되는 대표 식재료예요. 치즈와 같이 먹으면 감자에 부족한 단백질과 지방을 보충할 수 있어요.

▶ p.119 감자달걀샌드위치, p.105 소고기감자부추 큐브, p.131 통통오지치즈

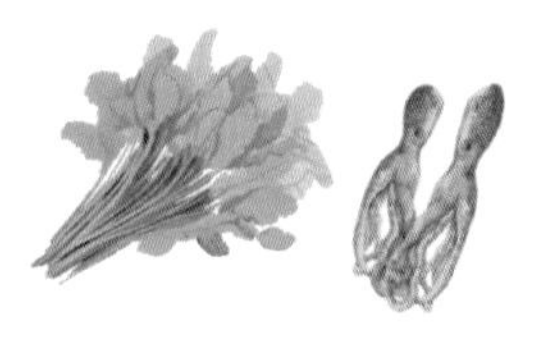

### 참나물, 낙지

8~9월이 제철인 참나물은 베타카로틴이 풍부해요. 비만과 안구건조증 예방에 좋아요. 9월부터 제철인 낙지는 필수아미노산이 풍부해 보양식으로 훌륭해요.

▶ p.125 참나물삼각주먹밥, p.127 낙지볶음과 소면

10월

### 전복

비타민과 미네랄이 풍부해 아픈 뒤 몸을 회복할 때 먹으면 좋아요. 특히 모유수유하는 산모에게 좋답니다.

▶ p.139 밥솥 전복죽

11월

### 얼갈이, 굴

11~12월 제철인 얼갈이는 비타민C가 풍부해요. 국으로 먹거나 김치를 만들어 먹어요. 굴은 9월부터 12월까지 제철이에요. 살이 통통하고 광택이 나며 가장자리 검은 테가 선명한 것이 좋답니다.

▶ p.161 얼갈이된장국, p.157 전기밥솥 해물밥

12월

### 팥

팥은 가을에 수확하지만 묵혀 두었다가 겨울에 많이 활용하는 식재료예요. 부기를 빼주고 혈압 상승을 억제한답니다.

▶ p.171 앙버터토스트

# 따사의 장 보기 노하우

장 볼 때 가장 고려하는 부분은 재료의 영양소 종류가 골고루 배합이 되어 있는지예요.
식비 예산을 고려하여 장을 봅니다.

1 **예산을 정해요.**
일주일, 한 달 단위 등 가계 형편에 맞게 식재료 구입 예산을 책정합니다.

2 **가장 중요한 단백질을 먼저 챙겨요.**
닭고기, 소고기, 돼지고기 등을 구입하되 지난 주 식단과 겹치지 않은지 고려하면서 구매합니다.

3 **주재료와 어울리는 제철 채소를 담아요.**
제철 채소는 영양제나 다름 없어요. 이 책에서는 다달이 제철 채소를 넣으려고 노력했어요. 1월 시금치, 4월 취나물, 5월 가지 등 책 속 제철 채소를 참고해 장을 보세요.

4 **제철 수산물도 틈틈이 구매해요.**
수산물은 계절을 많이 타는 식재료 중 하나예요. 제철 수산물을 구매해 얼려 두면 계절에 상관없이 먹을 수 있답니다. 이 책에서는 3월 황태, 6월 오징어, 9월 낙지, 10월 전복, 11월 굴 등으로 만들 수 있는 요리를 담았어요.

5 **국내산, 유기농을 우선으로 구입해요.**
요즘은 외국산 식재료가 저렴해서 많이 찾게 되지만, 여전히 수입 식품은 농약이나 첨가물 등에서 자유롭기 힘들어요. 예산에 맞춰서 식재료를 구입하는 것이 가장 우선이겠지만, 특히 아이가 있는 집이라면 불필요한 외식이나 배달 등의 지출은 줄이고 가능한 국내산이나 유기농 식재료를 고르는 것이 좋아요.

# 따사의 냉장고 정리 노하우

저는 주로 한 달에 한두 번 냉장고를 청소해요. 한 달에 한 번 냉장고 식재료를 다 꺼내는 냉장고 대청소, 밀프렙 만들기 전날에는 냉동실 정리와 냉장실 재고 파악을 하고 있지요.

1 식재료를 모두 꺼내 레몬과 소주를 1:4로 섞은 뒤 구석구석 닦습니다. 바쁠 때는 그냥 알콜이나 구연산물을 청소용 분무기에 넣고 곳곳에 뿌려 닦아 주세요.

2 냉장고에 있는 재료를 파악하고 유통기한이 지난 재료는 미련 없이 버립니다. 냉동실도 출처를 알 수 없는 음식물은 버리고, 비닐에 담겨 있는 재료, 먹다 남은 재료는 각각 넓고 납작한 밀프렙 용기에 담은 뒤 내용물 이름과 날짜를 적은 다음 차곡차곡 쌓아요.

3 

냉동실 문쪽에는 글래드랩으로 싼 샌드위치나 빵을 차곡차곡 쌓아 보세요. 아이들도 하나씩 쏙쏙 꺼내서 데워 먹기 좋아요. 수박주스나 소스 등을 보관해도 좋아요.

# 따사의 기본 픽pick 양념과 계량법

- **1컵** = 액체 180ml, 1/2컵 90ml
- **1큰술** = 액체 15g, 꿀 21g, 기름 12g, 가루 10g, 장류 18g
- **1작은술** = 가루 3.3g, 장류 6g

간장
최소한의 양념 재료를 쓰는 것을 좋아해요. 간장도 가장 기본적인 양조간장 하나로 국, 볶음 등을 다 만든답니다. 간장의 종류보다 국산콩으로 만든 간장을 선호해요.

참치액
참치액은 참치와 간장을 섞어 발표시킨 조미료예요. 간장으로 간이 부족하다고 느낄 때 참치액으로 감칠맛을 더할 수 있어요. 참치액 대신 굴소스, 멸치액, 쯔유 같은 조미료로 대체 가능합니다.

참기름
참기름도 요리할 때 빠질 수 없지요? 조리 과정 중에 사용하면 향이 날아갈 수 있으니 마지막에 넣는 것이 좋아요. 참기름은 바로 짠 참기름이 좋으므로 적은 용량을 구입해서 그때그때 사용해요.

꿀 또는 알룰로스
건강한 단맛과 윤기를 더하고 싶을 때 사용해요. 사용 후에는 뚜껑을 닫고 상온에 보관해요. 꿀 대신 액상 알룰로스를 사용할 수 있어요. 꿀은 높은 온도에서 조리하면 단맛이 줄어들기 때문에 조리 마지막에 넣어요.

설탕
단맛을 내기 위한 기본 양념이에요. 단맛뿐 아니라 식품의 보존 기간을 늘리는 역할도 한답니다. 요즘은 저당 설탕도 많이 나와 있으니 당이 염려되는 분들은 저당 설탕을 사용하세요.

소금
간을 맞추기 위해 필수로 있어야 할 양념이에요. 저는 주로 천일염 가는 소금을 사용해요. 천일염은 미네랄이 풍부하고 환경친화적이에요. 가는 소금을 사용하면 금세 녹아 요리할 때 편리해요.

# 따사의 기본 킥kick 재료

요리 에센스
꼭 필요한 건 아니지만 요리의 풍미를 더해 주는 제품이에요. 무침, 국, 찌개 모든 요리에 참치액 대신 사용 가능해요. 저는 주로 국산콩 연두를 사용해요.

코인육수
코인육수를 구비해 두면 육수 내는 시간도 절약하고 요리 자신감이 샘솟아요. 한 알만 사용해도 깊고 진한 육수 맛을 낼 수 있어요.

버터
버터는 의외로 비만을 예방하고 면역력을 높여 주는 효능이 있어요. 요리할 때 남다른 고소함과 풍미를 더하기도 하고요. 대신 성분 좋은 버터를 먹어야 해요. 페이장 브레통의 '빼띠 게랑드 포션버터'는 개별 포장되어 있어서 편리하고 프랑스 천일염을 사용한 제품이에요.

파로
한창 유행하고 있는 고대 곡물이에요. 식이섬유, 비타민, 단백질, 마그네슘 등이 풍부하게 있어 피로 회복을 돕고, 혈당 상승을 예방해요. 파로 3 : 백미 7의 비율로 섞어 밥을 지어 보세요.

# 밀프렙 도구 3대장

**글래드랩**

글래드랩, 매직랩 등의 이름으로 불리는 랩이에요. 랩 자체에 접착력이 있어 잘 달라붙어요. 음식을 원형 그대로 소분할 때 좋아요. 접착 성분은 츄잉껌에 사용하는 성분과 같으며 인체에 무해하다고 해요.

**라벨프린터기**

밀프렙용기에 어떤 요리가 담겨 있는지 써서 바로바로 출력해서 붙여 보세요. 바로 알아볼 수 있어서 편리해요. 라벨프린터기 대신 키친마카도 좋아요.

**양수웍**

양쪽에 손잡이가 달린 웍을 자주 써요. 밀프렙 요리를 하다 보면 재료 양이 많기 때문에 한 손잡이 웍을 들어 올릴 때 손목에 힘이 많이 갈 수 있거든요. 국, 찌개, 볶음 다 가능해요.

Menu

한우듬뿍볶음밥

소고기함박스테이크

엄마표 햄버거

오색비빔밥

소고기뭇국

| 이 달의 장바구니 | ▶ 소고기(한우) 다짐육 1.6kg, 한우 사태 600g, 토마토 1개, 양파 2개, 당근 3개, 감자 1개, 달걀 8개, 유기농 콘옥수수 100g, 햄버거빵 3개 이상, 빵가루, 로메인(상추 가능) 등 |
| --- | --- |

January

# 한우듬뿍볶음밥

입맛이 궁금할 때, 만들기 쉽고 맛도 좋은 볶음밥! 특히 아이 방학 때 냉동실에 보관해 두면 언제든 꺼내 한 끼 뚝딱 완성이에요.

**재료**(6회분)

한우 다짐육 300g
다진 채소(양파 반 개, 당근 반 개, 감자 반 개 등 원하는 채소)
밥 6공기(약 1200g)
버터 20g(조각 버터 2개 또는 버터 2큰술)
소금 1/2큰술
유기농 콘옥수수 100g

**만드는 법**

**Prep**
1. 양파와 당근 등 채소를 잘게 다져요.

**Cook**
2. 큰 프라이팬이나 웍에 버터를 넣고 소고기와 다진 채소를 볶아요.
3. 채소와 고기가 반쯤 익으면 밥을 넣고 함께 볶아요.
4. 소금으로 간을 해요.
5. 볶음밥을 밀프렙용기에 소분한 뒤 콘옥수수를 올려요.

**따사 Tip**

- 볶음밥을 동그랗게 말면 주먹밥이 돼요.

- 밥이 싱겁다면 소금을 더 추가해도 좋아요. 좀 더 감칠맛이 필요하면 굴소스 한 큰 술 추가해 주세요.
- 볶음밥 위에 콘옥수수를 올리면 달콤해서 아이들이 더 잘 먹어요.
- 한우 다짐육은 다른 구이용 고기보다 저렴해서 아이들 볶음밥 할 때 좋아요.

**보관**
냉동 2개월
냉장 3일

**해동**
전자레인지 5분(냉장 2분)

LE CREUSET

# 소고기함박스테이크

함박스테이크를 만들 때, 햄버거빵, 토마토, 슬라이스 치즈 등을 함께 구매해 두면 햄버거까지 만들 수 있어요. 소스는 전자레인지 함박소스로 충분하지만, 마요네즈와 피클을 추가해도 좋아요.

**재료**(지름 6~7cm 약 20개)

소고기 다짐육 1kg
양파 1개
식용유 적당량

**반죽 재료**

감자전분 1/3컵
빵가루 2/3컵(140g)
달걀 2개
간장 1/4컵(45ml)
올리고당 50ml
소금 1작은술
다진마늘 2큰술
케첩 1큰술

**만드는 법**

**Prep**

1. 양파를 잘게 다져요.
2. 프라이팬에 식용유를 적당히 두르고 양파가 투명해질 때까지 가볍게 볶아요.
3. 큰 볼에 볶은 양파를 담고 반죽 재료를 섞으면서 치대요.(재료들이 잘 섞일 정도로 섞으면 돼요.).
4. 작은 구(골프공 크기) 모양을 만들어요.

**Cook**

5. 프라이팬에 식용유를 두르고(버터로 대체 가능) 약불에서 공 모양 반죽을 손으로 가볍게 눌러준 다음 앞뒤로 노릇하게 구워요.

**따사 Tip**

**전자레인지 함박소스**(4인분)

재료: 양파 1/4(채 썰어서 준비)개, 조각 버터 1개, 케첩 2큰술, 간장 1큰술, 올리고당 2큰술을 전자레인지용기에 넣고 1분 돌린 다음 잘 섞어요.

글래드랩에 구운 고기 반죽을 올리고 모양대로 잘 감싼 다음 한번에 오리면 편해요.

# 엄마표 햄버거

햄버거 소스는 전자레인지 함박소스를 곁들이면 돼요. 마요네즈나 케첩도 취향껏 뿌려 보세요.

**재료**(3개)

소고기함박스테이크(p. 25) 3개
햄버거빵 3개
토마토 1/2개
슬라이스 치즈 3개
로메인 또는 상추 10g
함박소스(p.25) 취향껏
마요네즈 취향껏

**만드는 법**

**Prep**
1. 밀프렙해 둔 함박스테이크를 해동해요.
2. 토마토는 얇게 통썰기하고, 로메인은 깨끗이 씻어 반으로 접어요.

**Cook**
3. 햄버거빵 바닥 쪽에 치즈, 로메인, 토마토, 함박스테이크, 함박소스, 마요네즈 등을 취향껏 올리고 위쪽 빵을 덮어요.

햄버거는 랩으로 감싼 뒤 밀프렙용기나 사진 속 용기에 넣어 냉장고에 두었다가 소풍이나 점심 도시락 대용으로 아침에 가지고 나가면 돼요.

**따사 Tip**

| 보관 | 해동 | 냉장 |
| --- | --- | --- |
| 냉동 2개월<br>냉장 2일 | 전자레인지 1분 돌린 후 에어프라이어 180도 10분 | 에어프라이어 160도 10분 |

# 오색비빔밥

편리함과 영양을 한꺼번에 챙길 수 있는 우리나라 전통 음식 비빔밥. 고추장도 따로 필요 없어요.

**재료**(6회분)

밥 6인분
소고기 다짐육 300g
양파 1개
달걀 6개
시금치 200g
당근 2개(큰 당근 1개)
식용유 적당량

**요리별 양념 재료**

**시금치**: 간장 1큰술, 참기름 1큰술, 깨 약간

**지단**: 소금 1작은술

**약고추장**: 고추장 5큰술, 간장 1큰술, 설탕 2큰술, 물엿 2큰술, 다진 마늘 1큰술

**만드는 법**

**Cook**

1. 시금치를 끓는 물에 30초 정도 데치고 양념 재료를 넣어 가볍게 버무려요.
2. 당근은 채 썰어 식용유 두른 프라이팬에 볶아요.
3. 달걀은 풀어서 소금을 넣고 얇게 지단을 부친 다음 얇게 썰어요.

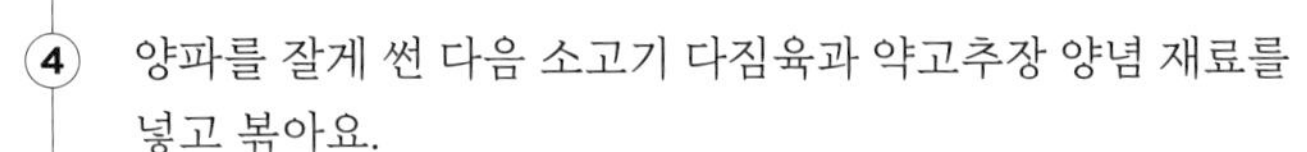

4. 양파를 잘게 썬 다음 소고기 다짐육과 약고추장 양념 재료를 넣고 볶아요.
5. 밀프렙용기에 밥을 1인분씩 깔고 위에 1, 2, 3, 4를 나란히 올려요.

**따사 Tip**

- 시금치를 얼렸다가 해동하면 식감이 부드러워져서 비빔밥으로 딱이에요.
- 밀프렙을 데운 후 먹기 전에 참기름을 조금 둘러서 비벼 먹으면 더 맛있어요.

# 소고기뭇국

비교적 저렴한 한우 사태로 추운 겨울을 뜨끈하게 녹일 소고기뭇국을 끓여 두세요.

**재료**(6회분)

한우 사태 600g
무 1/4개(약 250g)
물 2L

**양념 재료**

간장 1큰술
참치액 1큰술
소금 1작은술
다진 마늘 1작은술
물 1.5L

**만드는 법**

**Prep** ① 사태를 물에 한 번 헹군 다음 커다란 냄비에 물 2L와 사태를 넣고 중불에서 1시간 끓여요.

② 사태는 식혀서 찢거나 얇게 썰어요.

**Cook** ③ 무는 얇게 나박썰기하고, 양념 재료, 물 1.5L를 1에 넣은 뒤 무가 익을 때까지 센불에서 끓여요.

**따사 Tip**

- 국은 뜨거울 때 먹으면 싱겁게 느껴질 수 있지만, 식으면서 짭짤해져요. 그러니 간을 맞출 때 너무 짜지 않게 간을 하는 것이 좋아요. 국물 염도가 높으면 몸에도 좋지 않습니다.
- 신선한 소고기는 핏물을 뺄 필요가 없습니다. 어차피 끓이다 보면 불순물이 날아가요.

Menu

돼지고기김치찜

소불고기부추부리토

볼로냐스파게티

안심텐더

치킨마요덮밥

전자레인지 피클

| 이 달의 장바구니 ▸ | 배추김치 한 포기, 돼지고기 앞다리살 1kg, 돼지고기 다짐육 600g, 닭고기 안심 600g, 닭가슴살 600g, 양파 5~6개, 소고기 300g, 또띠아 4장, 피자치즈 4큰술, 부라타치즈 100g, 파스타면 1봉지, 토마토파스타 소스 약 800g, 달걀 14개 등 |
|---|---|

February

# 돼지고기김치찜

김치만 넣고 끓였을 뿐인데! 고기가 야들야들, 맛은 맛집 김치찜. 한 번 끓일 때 여러 번 먹을 수 있도록 소분하면 다음엔 번거롭게 끓이지 않아도 돼요.

**재료**(4회분)

배추김치 한 포기 (700~900g)
김칫국물 1컵(180ml)
돼지고기 앞다리살(수육용 또는 삼겹살도 가능) 1kg
양파 1개

**만드는 법**

**Prep**

1. 양파 한 개를 채 썰어요.
2. 냄비에 돼지고기를 깐 다음 양파를 올리고 배추김치를 통째로 덮어요.

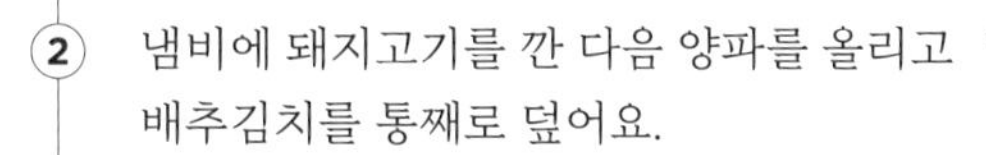

**Cook**

3. 김칫국물을 넣고 약불에서 1시간 동안 뚜껑을 닫은 채 푹 끓여요.

**따사 Tip**

- 꼭 약불에서 끓이세요.
- 김칫국물이 없으면 물 1컵에 간장 3큰술 넣고 끓이세요.
- 너무 신 김치보다는 적당히 신 김치로 끓이면 좋아요. 김치가 없으면 시중에 파는 포기 김치를 구입해 사용해요.

630ml 용량 밀프렙용기에 담으면 4번 정도 먹을 수 있어요.

# 소불고기부추부리토

주말 늦잠 후 먹는 아점으로, 간식으로도 좋은 부리토! 냉동실에 얼려 두었다가 입이 심심할 때 간편하게 해동해서 드세요.

**재료**(4회분)

또띠아 4장
소고기(샤브샤브용 또는 다짐육) 300g
부추 25g
밥 1공기(210g)
피자치즈 4큰술
양파 1/2개
시판용 토마토파스타 소스 4큰술(케첩으로 대체 가능)
식용유 적당량

**양념 재료**

간장 2큰술
설탕 1큰술
청주 1큰술
다진 마늘 1큰술

**만드는 법**

**Prep**

1. 소고기에 양념 재료를 넣고 조물조물 섞어요. 부추는 잘게 다져둬요.

**Cook**

2. 양파는 채 썰어 식용유 두른 프라이팬에 볶다가 밑간된 소고기를 넣고 볶습니다.
3. 밥을 넣고 함께 볶다가 불을 끄고 피자치즈와 부추를 섞어 줍니다.
4. 토마토파스타 소스를 또띠아 1장당 1큰술씩 가운데부터 펴 바른 다음 3을 올리고 양옆과 아래 위를 살짝 접어요.

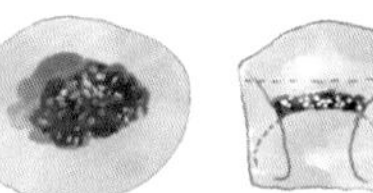

5. 글래드랩으로 싸거나 부리토 사이사이 유산지를 끼워서 냉동실에 넣어요.

보관: 냉동 2개월

해동①: 전자레인지 2분

해동②: 에어프라이어 180도 15분

**따사 Tip** 또띠아는 작은 것 말고 큰 걸로 하는 게 모양도 더 잘 나오고 만들기 편해요.

# 볼로냐스파게티

유튜브 채널에서 밀프렙 열풍을 일으킨 메뉴예요. '스파게티도 밀프렙이 된다고?' 믿기 힘드시겠지만 갓 만든 것처럼 맛있어요. 안 만들어 본 사람은 있어도 한 번만 만든 사람은 없을 거예요.

**재료**(6회분)

- 돼지고기 다짐육 600g (뒷다리살, 앞다리살, 안심 모두 가능)
- 양파 1개
- 시판용 토마토파스타 소스 700g
- 파스타면 1봉지(500g)
- 설탕 1큰술
- 소금 1/2큰술
- 올리브오일 3큰술
- 부라타치즈 100g(약 3덩이)
- 식용유 적당량

**만드는 법**

**Prep**

1. 양파를 잘게 다져요.

**Cook**

2. 프라이팬에 식용유를 두른 뒤 돼지고기와 다진 양파, 설탕 1큰술을 넣고 볶아요.
3. 토마토파스타 소스를 모두 붓고 3분간 졸여요.
4. 파스타면보다 세 배 정도 많은 양의 물을 넣고 끓인 뒤 파스타면과 소금을 넣고 7분간 끓여요.
5. 면이 약간 덜 익은 상태(알 덴테)에서 찬물에 한 번 헹군 다음 올리브오일 3큰술을 넣고 가볍게 섞어요.
6. 파스타 소스를 밀프렙용기에 깔고 위에 파스타면과 부라타치즈를 잘라서 올려요.

치즈
파스타면
파스타 소스

**따사 Tip**

- 온라인 마켓에 유기농 파스타 소스를 검색하면 맛있고 건강한 파스타 소스들이 많이 있어요. 저는 오오가닉 파스타 소스를 맛있게 먹었어요.
- 면을 알 덴테로 덜 익혀서 얼려야 데울 때 추가로 면이 익어요.
- 파스타 소스를 볶을 때 설탕을 넣으면 파스타 소스의 신맛을 잡아서 더 맛있어요.

# 안심텐더

온 가족 인기 폭발 안심텐더. 사 먹는 것보다 훨씬 맛있고 건강해요. 나만의 냉동 안심텐더를 만들어 보세요.

**재료**(3~4회분)

닭고기 안심 600g
고운 소금 1/2큰술
식용유 6큰술

**반죽 재료**
밀가루 1컵(부침가루 대체 가능)
달걀 4개
빵가루 2컵

**만드는 법**

**Prep**

1. 달걀은 그릇이나 밧드에 깨서 풀고 고운 소금을 섞어요. 밀가루와 빵가루도 각각 큰 접시나 밧드에 담아요.
2. 닭고기는 밀가루 → 달걀물 → 빵가루 순으로 묻혀요(닭고기는 힘줄을 제거하지 않아도 돼요.).

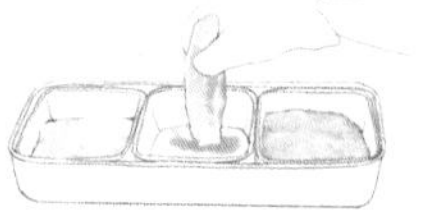

**Cook**

3. 프라이팬에 식용유를 넣고 2를 튀기듯이 구워요.

보관
냉동 3개월 (조리 전 5개월)

해동 - 튀긴 것
에어프라이어 170도 10분

조리 전 밀프렙 상태에요. 간격을 두고 보관해요.

튀기지 않은 채로 냉동 밀프렙을 한 경우 먹기 전에 꺼내서 약불에 구워요.

**따사 Tip**

- 기름에 젓가락을 댔을 때 보글보글 거품이 생기면 고기를 튀기기 알맞은 온도예요.
- 처음에는 센불에 가열했다가 튀기기 좋은 온도가 되면 꼭 약불로 줄인 다음 튀겨요.
- **유기농 허니머스터드 소스 만들기**(5회분) : 유기농 머스터드 1큰술, 마요네즈 2큰술, 꿀 1큰술을 넣고 섞어요.

# 치킨마요덮밥

언제 먹어도 맛있는 치킨마요덮밥! 현미밥으로 대체하면 다이어트 메뉴로도 손색없어요.

**재료**(4회분)

밥 4공기
닭가슴살 600g
카레가루 1큰술
전분 1큰술
소금 1작은술
식용유 적당량

**스크램블드에그 재료**

달걀 10개
생크림 1큰술
소금
1/2큰술

**양파 소스 재료**

양파 3개
간장 5큰술
올리고당 2큰술

**만드는 법**

**Prep**

1. 큰 볼에 닭가슴살을 한입 크기로 자른 뒤 카레가루, 전분, 소금을 넣고 잘 섞어요.
2. 양파는 채 썰어요.

**Cook**

3. 프라이팬에 식용유를 두르고 1에서 반죽한 닭가슴살을 익혀서 치킨을 만들어요.
4. 키친타올을 깐 밧드에 치킨을 담아 기름을 빼 둬요.
5. 스크램블드에그 재료를 섞어서 스크램블드에그를 만들어요.
6. 식용유 두른 프라이팬에 채 썬 양파와 간장, 올리고당을 넣고 졸이듯이 볶아 양파 소스를 만들어요.
7. 밀프렙용기에 밥과 닭가슴살 치킨을 소분하고 스크램블드에그와 양파 소스를 담은 뒤 취향껏 마요네즈를 뿌려요.

**따사 Tip**

- 고기 냄새에 민감한 분은 닭가슴살을 우유에 30분 정도 재웠다가 사용하세요.
- 스크램블드에그를 만들 때 생크림을 넣어야 해동 후에도 촉촉해요.

WECK

# 전자레인지 피클

느끼함 잡아주는 상큼한 피클! 소분해 두었다가 하나씩 꺼내 먹어요. 파스타나 양식에 곁들이면 좋아요.

**재료**(10회분)

무 200g
오이 100g

**피클물 재료**

비트 1조각(엄지손가락 길이)
물 1컵(180ml)
식초 1/2컵
설탕 1/2컵
피클링스파이스 1/2작은술

**만드는 법**

**Prep**

① 무는 작게 깍둑썰기하고 오이는 1cm 간격으로 썰어요.

**Cook**

② 피클물 재료를 내열유리용기에 넣고 위에 비닐랩을 씌워서 젓가락으로 증기 구멍 한 개를 뚫은 다음 전자레인지에 4분 돌려요.

③ 전자레인지에서 꺼내자마자 무와 오이를 넣어요.

④ 피클물이 식으면 냉장고에 두었다가 반나절 정도 익힌 후 먹어요.

**따사 Tip**

- 생비트는 옥산살이 있어 가열해 먹는 것이 좋아요.
- 남은 비트는 깍두기 크기로 잘라서 냉동실에 넣어 두었다가 색을 내고 싶을 때 하나씩 꺼내 쓰면 좋아요.

# 3월

Menu

참치김치치즈밥바

돼지갈비

돈가스

볼로냐피자빵

황탯국

**이 달의 장바구니** ▸ 참치캔 1개, 스트링치즈 5개, 돼지고기 목살 1kg, 돼지고기 등심 800g, 양파 2개, 달걀 6개, 빵가루, 소고기 다짐육 300g, 토마토파스타 소스 1병, 식빵 1봉지, 콘옥수수 병조림 100g, 모차렐라치즈 200g, 황태포 70g, 무 1/3개 등

March

# 참치김치치즈밥바

치즈가 쭈욱~! 매콤하고 든든한 간편식을 만들어 보세요. 바쁜 아침 냉동실에서 하나씩 꺼내 챙겨 나가면 어디서든 든든한 아침 식사가 된답니다.

**재료**(약 10개)

참치캔 135g(중간 크기)
자른 김치 6큰술
밥 약 1000g(쌀 4컵 정도)
스트링치즈 10개
간장 2큰술
고춧가루 1큰술
참치액 1큰술

**만드는 법**

**Cook**

1. 웍에 참치캔 한 개를 기름까지 모두 붓고 잘게 자른 김치를 넣고 볶아요.
2. 김치가 살짝 갈색으로 익을 때 즈음 밥을 넣고 간장, 고춧가루, 참치액을 넣어 김치볶음밥을 만들어요.
3. 기다란 직사각형 밀프렙용기에 김치볶음밥을 넓게 펴고 간격을 두어 스트링치즈를 올려요. 그 위에 김치볶음밥을 덮어요.
4. 주걱에 참기름을 묻힌 뒤 5cm 간격으로 칸을 나눠서 밥바를 완성해요.

에어프라이어에 해동하면 겉이 바삭해져서 구운 주먹밥 맛이 나요.

**따사 Tip**

- 김치볶음밥이 남으면 밀폐용기에 담아 달걀프라이를 얹은 다음 냉장고에 두면 1주일까지 두고 먹을 수 있어요.
- 잡곡밥으로 볶으면 더 건강하게 먹을 수 있어요.
- 참치 기름은 요리할 때 써도 좋아요. 건강에 좀 더 좋은 올리브오일 참치를 요리에 써 보세요.

# 돼지갈비

시판용 돼지갈비는 주로 외국산 고기와 외국산 콩으로 만든 간장을 써요. 국산콩 간장과 한돈을 사용해 맛있고 건강한 돼지갈비를 만들어요.

**재료**(6회분)

돼지고기 목살 1kg

**갈비 양념 재료**

슬라이스 파인애플 1/2개
양파 1/2개
배즙 90ml(배 음료로 대체 가능)
간장 1/2컵(90ml)
물 2.5컵
설탕 2큰술
다진 생강 1작은술

**만드는 법**

Prep
1. 갈비 양념 재료를 블렌더나 믹서기에 넣고 갈아요.
2. 돼지고기는 사선으로 1cm 간격을 주면서 칼집을 내요.

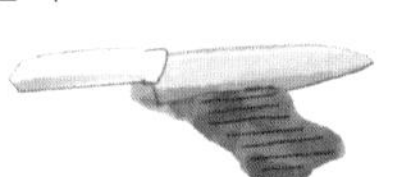

3. 1번에서 갈아 놓았던 양념을 돼지고기에 골고루 바르고 밀프렙 용기에 소분해요.

Cook
4. 먹기 전에 냉장실에서 반나절 해동 후 중불에서 구워요.

보관
냉동 3개월
냉장 2일

해동
냉장실에서 반나절 해동

따사 Tip

- 냉장실에서 반나절 숙성하고 냉동실에 넣으면 더 맛있어요.
- 돼지고기 대신 소고기로 대체해도 돼요.
- **파인애플 없는 양념 레시피:** 양파 1개(갈아서 준비), 배즙 1봉, 간장 1컵, 물 3컵, 맛술 1컵, 설탕 2큰술, 생강 1작은술

# 돈가스

돈가스, 생각보다 어렵지 않아요. 신선한 돼지고기와 달걀, 빵가루만 있으면 식당 돈가스 부럽지 않아요.

**재료**(8회분)

돼지고기 등심(돈가스용) 800g
밀가루 1컵
달걀 4개
빵가루 2컵
고운 소금 1/2큰술
식용유 6큰술

**만드는 법**

**Prep**

1. 달걀은 그릇이나 밧드에 깨서 잘 풀고 고운 소금을 넣어서 간을 해 달걀물을 만들어요. 밀가루와 빵가루도 각각 밧드에 담아요.
2. 돼지고기를 밀가루 → 달걀물 → 빵가루 순으로 묻혀요.

**Cook**

3. 프라이팬에 식용유를 붓고 2를 튀기듯이 구워요.
* 튀기지 않은 상태로 밀프렙해도 돼요.

온라인 마켓에 돈가스용 고기를 검색하면 칼집 낸 고기를 팔아요. **따사 Tip**

# 볼로냐피자빵

소시지피자빵보다 맛있는 고기 듬뿍 볼로냐피자빵! 한 번 만들어 두면 피자 배달시키기 아까울 때, 빵집까지 가기 귀찮을 때 간단하게 데워 먹을 수 있어요.

**재료**(6회분)

식빵 12개
소고기 다짐육 300g
시판용 토마토파스타 소스 또는 토마토퓨레 400g
다진 마늘 1큰술
양파 1개
슈레드 모차렐라치즈 200g
콘옥수수 100g
식용유 1큰술

**만드는 법**

**Prep**

1. 양파를 잘게 다져요.

**Cook**

2. 웍이나 프라이팬에 식용유를 두르고 소고기와 다진 마늘, 양파를 함께 볶아요.
3. 고기가 갈색빛이 돌면 토마토파스타 소스를 붓고 약불에서 2분 정도 끓여요.
4. 모차렐라치즈(약 6큰술)를 넣고 섞은 뒤 1분간 더 끓이면 볼로냐 소스가 돼요.
5. 밀프렙용기에 식빵을 넣어 준비해요.
6. 식빵 위에 볼로냐 소스와 모차렐라치즈를 1큰술씩 올려 잘 펼치고 콘옥수수를 1작은술씩 올려요.

콘 옥수수
모차렐라치즈
볼로냐 소스

보관
냉동 2개월

해동①
에어프라이어 180도 10분

해동②
전자레인지 1분 30초 (1개당)

**따사 Tip**

- 식빵을 샀다가 다 쓰지 못할 때 볼로냐피자빵을 만들어 밀프렙해 보세요.
- 볼로냐 소스는 많이 만들었다가 약간 남긴 뒤 파스타면만 삶아 섞으면 볼로냐파스타가 되니 빵 만들면서 한 끼 식사를 만들 수 있어요.

# 황탯국

남녀노소 누구에게나 좋은 황탯국이에요. 꽃샘추위로 몸이 으슬으슬하다고 느껴질 때 냉동실에서 꺼내 데워 먹어요. 밥 한 공기 후루룩 말아 먹으면 몸이 제법 풀려요.

**재료**(6회분)

황태포 70g
무 1/3개(약 250g)
대파 1줄기
달걀 2개
두부 반 모(150g)
다진 마늘 1큰술
간장 2큰술
참치액 2큰술
들기름 2큰술
코인육수 2개
물 1.2L

**만드는 법**

**Prep**

① 황태포는 가늘게 찢거나 가위로 자른 다음 물에 담갔다 빼요.(그래야 황태포가 부드러워져요.). 무는 얇고 네모나게 썰어요.

**Cook**

② 냄비에 들기름이나 참기름 1큰술을 넣고 무를 볶아요.

③ 무가 살짝 투명해지면 황태포를 넣고 볶아 황태의 수분을 날려요.

④ 3에 다진 마늘, 간장, 참치액, 들기름 1큰술, 코인육수, 물을 넣고 중불에서 2분간 끓여요.

⑤ 파는 얇게 통째썰기하고, 두부는 작게 깍둑썰기해요. 달걀을 대충 푼 다음 파, 두부와 함께 4에 넣고 1분간 더 끓여요.

보관
냉동 2개월
냉장 3일

해동
전자레인지 5분(냉장 2분)

**따사 Tip**

- 황태포에 잔가시가 있을 수 있으니 주의하세요.
- 두부를 썰 때는 최대한 작게 썰어 주세요. 그래야 냉동했다가 해동해도 식감이 괜찮아요.
- 마지막에 간을 봐서 싱거우면 소금 1작은술을 더 넣어요.

Menu

미트볼하이라이스

봄나물제육비빔밥

마파두부

팟타이

한우육개장

| 이 달의 장바구니 ▸ | 하이라이스가루 1봉지, 돼지고기 다짐육 1000g, 돼지고기 600g, 한우사태 600g, 소고기 다짐육 300g, 참나물 20g, 양배추 300g, 양파 2개, 두부 2모, 숙주 600g, 칵테일새우 300g, 레몬 1개, 쌀국수 1봉, 고사리 100g 등 |
| --- | --- |

# April

# 미트볼하이라이스

카레가 질릴 때쯤, 밥과 잘 어울리는 미트볼하이라이스를 만들어 보세요. 한 그릇 요리로 최고예요. 미트볼 소스도 따로 만들 필요가 없어요.

**재료**(4~6회분)

밥 4~6인분
시판용 하이라이스가루 1봉지(100g)
물 500ml
식용유 적당량

**미트볼 반죽 재료**

돼지고기 다짐육 400g
소고기 다짐육 300g
양파 1/2개
건식 빵가루 5큰술
소금 1/4큰술
케첩 1큰술

**만드는 법**

**Prep**

1. 양파를 다진 다음 갈색빛이 돌 때까지 볶아요.
2. 양파는 잠깐 식히고 돼지고기, 소고기, 빵가루, 소금, 케첩을 모두 섞고 치대서 미트볼 반죽을 만들어요.
3. 미트볼 반죽을 조금씩 떼어내 미트볼(작은 공 모양)을 만들어요.

**Cook**

4. 웍에 식용유를 두르고 중불에서 미트볼을 구워요. 겉 표면만 익혀서 미트볼을 단단하게 만드는 거예요.
5. 하이라이스가루와 물 500ml를 잘 섞은 다음 미트볼이 있는 웍에 부어서 미트볼과 함께 끓여요. 한 번씩 저어 주세요.

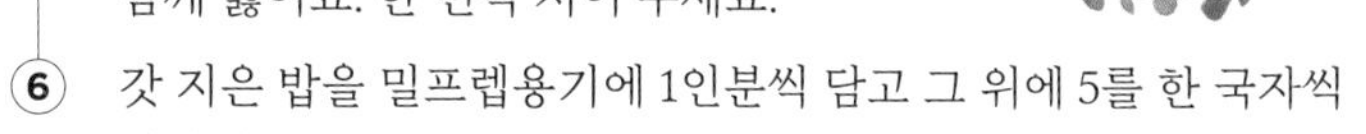

6. 갓 지은 밥을 밀프렙용기에 1인분씩 담고 그 위에 5를 한 국자씩 떠서 담아요.

보관: 냉동 2개월
해동: 전자레인지 5분

양파를 볶아서 미트볼을 만들면 고기 잡내를 잡을 수 있고 볶은 양파에서 단맛이 나와서 더 맛있어요. **따사** Tip

# 봄나물제육비빔밥

국민 반찬 제육볶음에 제철 취나물을 더해 보세요. 입맛 돋우는 하모니를 경험할 수 있답니다.

**재료**(6회분)

밥 6인분
취나물 50g
돼지고기 600g
양배추 300g
양파 140g(약 2개)
식용유 적당량

**제육 양념 재료**

고추장 3큰술
고춧가루 3큰술
맛술 6큰술
간장 5큰술
올리고당 3큰술
참치액젓 3큰술
다진 마늘 2큰술
후추 약간
깨 취향껏

**만드는 법**

**Prep**

1. 제육 양념 재료를 모두 섞은 뒤 돼지고기에 버무려요.
2. 양파는 채 썰고 양배추도 1cm 간격으로 채 썰어요. 취나물은 잘 씻은 다음 물기를 털어 내고 3등분해요.

**Cook**

3. 웍에 식용유를 두르고 양배추와 양파를 먼저 볶다가 양념에 버무렸던 돼지고기를 함께 볶아요.
4. 고기와 채소가 모두 익으면 마지막으로 취나물을 넣고 30초만 더 볶아요.
5. 밀프렙용기에 밥을 1인분씩 소분하고 취나물제육볶음을 올려요.

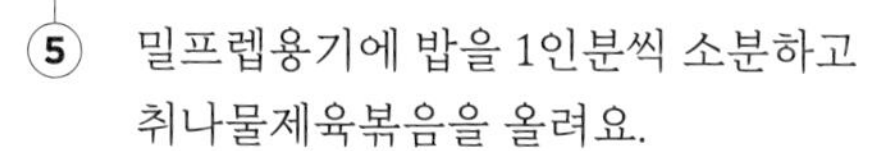

보관
냉동 2개월

해동
전자레인지 5분

**따사 Tip**

- 냉장고에 두고 먹을 땐 달걀프라이를 곁들여서 밀프렙해요.
- 취나물 대신 참나물, 봄동 등 다른 나물로 대체 가능해요.

# 마파두부

만능 건강 식품 두부를 더 맛있게 먹을 수 있는 마파두부! 두부는 간에 생성된 지방을 혈액으로 이동시키고, 알코올 분해와 노폐물 배출을 촉진시켜 줘요. 나른한 봄날 마파두부 어때요?

**재료**(6회분)

돼지고기 다짐육 600g
두부 2모(600g)
대파 반 줄기
부추 6줄기
소금 1작은술

**마파두부 소스 재료**

간장 4큰술
굴소스 1큰술
올리고당 1큰술
다진 마늘 1큰술

**만드는 법**

**Prep**

1. 두부는 작게 깍둑썰기하고 파는 잘게 다져요.

**Cook**

2. 식용유를 두른 웍에 파를 볶아 파기름을 내요.
3. 2에 돼지고기를 넣고 붉은 기가 사라질 때까지 볶아요.
4. 3에 두부와 소금을 넣고 가볍게 볶아요.(두부가 염분 때문에 좀 더 단단해져요.).
5. 4에 부추를 잘게 다져서 마파두부 소스 재료와 함께 넣고 가볍게 저으면서 2분간 졸여요.

보관: 냉동 2개월

해동: 전자레인지 5분

**따사 Tip**

- 매운 맛을 좋아하는 분들은 청양고추를 잘게 다져서 함께 넣어 보세요. 더 맛있어요.
- 해동 후 밥 위에 올려 먹거나 반찬으로 먹어요.

# 팟타이

팟타이를 밀프렙하면 외식할 필요 없이 집에서 간단하게 먹을 수 있어요. 집밥이 물릴 때쯤 팟타이로 외식 기분 느껴 보세요.

**재료**(6회분)

숙주 300g
칵테일새우 16개(약 300g)
청경채 150g
레몬 1개
땅콩 30g
쌀국수 1봉지(250g)

**팟타이 소스 재료**
고춧가루 3큰술
맛술 4큰술
간장 3큰술
참치액 3큰술
식용유 1큰술

**만드는 법**

**Prep**

1. 팟타이 소스를 먼저 만들어 둬요. 청경채는 밑동을 자르고 잘 씻어요.
2. 끓는 물에 쌀국수를 2분 30초 끓이고 찬물에 헹궈요(덜 익은 상태가 맞아요.).

**Cook**

3. 식용유를 두른 프라이팬에 새우를 볶아서 익힌 후(핑크빛이 될 때까지만) 소스를 붓고 약불에서 끓여요. 새우가 완전히 익으면 청경채, 숙주를 넣고 숨이 죽으면 바로 불을 꺼요.
4. 2에서 삶아 놨던 쌀국수를 넣고 잘 섞어요.
5. 밀프렙용기에 팟타이를 소분해서 넣고 땅콩을 손잡이 밑둥으로 찍어 굵게 다진 다음 팟타이에 한 큰술씩 뿌려요.
6. 깨끗이 씻은 레몬을 6등분한 뒤 한 개씩 가운데 올려요.

보관: 냉동 2개월 냉장 3일
해동: 전자레인지 5분(냉장 3분)

**따사 Tip**

- 레몬과 같이 해동하고 먹기 전에 레몬을 짜요.
- 땅콩을 넣어야 정말 맛있어져요.
- 새우도 많이 넣을수록 맛있어요.

# 한우육개장

가성비 좋은 한우 사태를 이용해서 어디에서도 사 먹을 수 없는 한우육개장을 만들어 보세요.

**재료**(8회분)

한우 사태 600g
대파 200g
고사리 100g
숙주 300g(생략 가능)
무 100g
간장 5큰술
다진 마늘 1큰술
참치액 3큰술
물 3L
코인육수 2개

**대파볶음 재료**

대파 200g
고춧가루 3큰술
식용유 6큰술

**만드는 법**

**Prep**

1. 끓는 물 2L에 사태를 넣고 푹 끓여 육수를 만들어요.
2. 사태를 꺼내서 15분 정도 식혔다가 찢어요(얇게 썰어도 돼요.).
3. 고사리는 끓는 물에 데치고 무는 얇고 네모나게 썰어요.

**Cook**

4. 대파볶음을 만들어요.
프라이팬에 식용유를 두른 뒤 대파를 6cm 길이로 잘라 넣고 고춧가루 3큰술을 넣은 뒤 약불에서 대파 숨이 죽을 때까지 볶아요.
5. 4에 사태와 간장, 참치액, 다진 마늘, 데친 고사리, 무를 넣고 간이 배도록 섞어요.
6. 1에 5와 물 1L, 숙주, 코인육수 2개를 넣은 뒤 무가 익을 때까지 끓여요.

**보관**
냉동 3개월
냉장 7일

**해동**
실온 10분
해동 후
전자레인지 6분
(냉장 3분)

간을 보고 입맛에 따라 소금을 조금 더 추가해요.

**따사 Tip**

Menu

소고기취나물밥바

소고기유부초밥

가지덮밥

주머니빵 샌드위치

큐브 미소된장국

| **이 달의 장바구니** ▸ | 소고기 다짐육 400g, 소고기 300g, 취나물 10g, 유부초밥 키트 1봉지, 가지 4개, 돼지고기 다짐육 600g, 양파 1개, 주머니빵 3개, 시금치 100g, 하바티치즈 24장, 자른 미역 5g, 팽이버섯 150g, 미소된장 250g 등 |
|---|---|

# May

# 소고기취나물밥바

바빠도 밥바! 봄 내음 물씬 나는 밥바를 만들어요. 아침용, 소풍용, 간식용으로 그만이에요.

**재료**(6회분)

소고기 다짐육 400g
취나물 10g
밥 5인분
대파 반 줄기
식용유 적당량

**양념 재료**

간장 2큰술
설탕 1큰술
다진 마늘 1/2큰술
참기름 2큰술

**만드는 법**

**Prep**

① 대파와 취나물은 씻어서 다져요.

**Cook**

② 웍에 식용유를 두르고 대파를 볶아 파기름을 내다가 소고기와 양념 재료를 넣고 볶아요.

③ 취나물 넣고 함께 볶아요.

④ 밥까지 넣고 볶다가 재료가 골고루 섞이면 불을 끄고 참기름을 넣은 뒤 섞어요.

⑤ 취나물볶음밥을 밀프렙용기에 평평하게 깔고 주걱에 참기름을 묻힌 뒤 5cm 간격으로 나눠요.

보관
냉동 2개월

해동①
전자레인지 2분 30초

해동②
에어프라이어 180도 10분

바닥에 유산지나 종이호일을 깔고 주걱으로 나누면 냉동해도 하나씩 잘 떨어져요.

김은 냉동하기 전에 붙이지 말고 해동한 뒤 먹기 전에 생김을 잘라서 붙여 먹어요. 에어프라이어에 구우면 김이 바삭바삭해져요. **따사 Tip**

# 소고기유부초밥

남녀노소 누구나 좋아하는 유부초밥, 한번에 만들어 얼렸다가 언제든 간편하게 데워 먹어요.

**재료**(6회분)

시판용 유부초밥 키트 1봉지(400g)
밥 5인분
소고기 다짐육 400g
당근 1/3개(다져서 준비)
쪽파 1줄기(다져서 준비)
간장 2큰술
설탕 1큰술
다진 마늘 1/2큰술
식용유 적당량

**만드는 법**

**Cook**

1. 프라이팬에 식용유를 두르고 소고기와 다진 당근, 쪽파, 간장, 설탕, 다진 마늘을 넣고 볶아요.
2. 밥에 1과 유부초밥 키트에 있는 프레이크, 액상을 넣고 섞어요.
3. 유부 안에 밥을 집어 넣어요.
4. 밀프렙용기에 4~5개씩 소분해요.

**보관**
냉동 2개월
냉장 2일

**해동**
전자레인지 3분(냉장 1분)

**따사 Tip**

- 브로콜리를 끓는 물에 3분 정도 데쳐서 찬물에 헹군 다음 물기를 짜서 밀프렙용기에 담으면 예쁘기도 하고 영양도 챙길 수 있어요.
- 김치를 볶아서 함께 넣고 냉동하는 것도 좋아요.

# 가지덮밥

4~8월이 제철인 가지로 맛있는 밀프렙을 만들어요. 가지는 칼륨이 많아 부종에 좋고 돼지고기와도 잘 어울려요.

**재료**(6인분)

가지 4개
돼지고기 다짐육 600g
양파 1/2개
밥 6인분
식용유 적당량

**양념 재료**

고추장 4큰술
고춧가루 1/2큰술
설탕 2큰술
맛술 3큰술
간장 3큰술
참치액 1큰술
후추 약간
참기름과 깨 취향껏

**만드는 법**

**Prep**

1. 가지는 3cm 정도 길이로 썰고 양파는 가늘게 채 썰어요.

**Cook**

2. 웍에 식용유를 두르고 가지, 양파, 돼지고기를 함께 볶아요.
3. 고기의 붉은 기가 사라지면 불을 줄이고 양념 재료를 넣고 함께 볶아요.
4. 마지막에 후추와 참기름, 깨로 마무리 해요.
5. 밥을 밀프렙용기에 소분하고 위에 가지볶음을 얹어요.

보관: 냉동 2개월
해동: 전자레인지 5분

**따사 Tip** 매운 걸 좋아하면 청양고추를 잘게 썰어서 넣어요.

# 주머니빵 샌드위치

주머니에 쏙 집어 넣어요. 에어프라이어에 해동하면 겉은 바삭하고 속은 촉촉한 든든한 한 끼가 돼요. 밥을 흰쌀 대신 현미나 곤약으로 바꾸면 훌륭한 다이어트 음식이 돼요.

**재료**(6회분)

소고기 300g
양배추 100g
양파 1/2개
주머니빵(피타브레드) 3개
밥 1인분(약 200g)
시금치 100g
하바티치즈 24장
식용유 적당량

**소스 재료**

굴소스 1큰술
간장 2큰술
설탕 2큰술
소금 1작은술
후추 약간

**만드는 법**

**Prep**

1. 양배추는 5mm 간격으로 채 썰고 양파도 가늘게 채 썰어요.
2. 시금치는 깨끗이 씻어서 3등분 하고 뿌리는 잘라내요. 주머니빵은 반으로 잘라요.

**Cook**

3. 프라이팬에 식용유를 두르고 소고기, 양배추, 양파를 함께 볶아요.

4. 소고기의 붉은 기가 반쯤 사라지면 소스 재료와 밥을 넣고 섞듯이 가볍게 볶아요.
5. 불을 끄고 후추를 뿌려 한 번 섞어요.
6. 주머니빵을 입구를 벌려, 시금치, 하바티치즈 2장, 고기 소를 넣어요.

**따사 Tip**

- 저는 주로 코스트코에서 냉동되지 않은 피타브레드를 사서 써요. 원형이라 반으로 잘라서 쓰면 좋아요.
- 온라인 마켓에서도 피타브레드를 파는데 대부분 냉동 상태예요. 빵이 조금 잘 찢어져서 내용물을 조심스럽게 넣어야 해요.
- 빵 속에 재료를 너무 많이 넣지 않도록 주의하세요. 얇아야 쉽게 해동돼요.

**보관**
냉동 2개월
냉장 3일

**해동**
전자레인지 1분 돌린 후 에어프라이어 160도 10분

**냉장**
에어프라이어 180도 5분

# 큐브 미소된장국

마땅한 국이 없을 때 효자 노릇하는 미소된장국. 냉동했다가 필요할 때 쏙 빼서 먹어요.

**재료**(12회분)

자른 미역 5g
미소된장 250g
팽이버섯 150g

**미소된장 큐브 데울 때**

물 300ml
두부 30g

**만드는 법**

**Prep**

1. 미역은 물에 잠깐 불린 뒤 물기를 제거하고 팽이버섯은 밑동을 자른 뒤 2cm 길이로 잘라요.
2. 1에 미소된장을 섞어요.
3. 2를 큐브용기에 나눠 담아요(내용물을 너무 꽉 채우지 마세요. 얼면서 내용물이 팽창하기 때문에 용기 뚜껑이 열릴 수 있어요.).

**Cook**

4. 국그릇에 미소된장 큐브 1개와 작게 깍둑썰기한 두부를 넣은 다음 물을 붓고 전자레인지에 5분 돌려요.

300ml

퍼기 이중 밀폐 슬림 멀티 큐브 이유식 냉동용기를 사용했어요.

저는 주로 '이나카 미소 다시이리' 된장을 사용해요.

**따사** Tip

Menu

옛날도시락

미나리오징어덮밥

큐브 참치김치볶음

바질치즈푸실리

여왕의 토스트

| 이 달의 장바구니 ▸ | 옛날 분홍소시지 1개, 달걀 9개, 잔멸치 100g, 오징어 600g, 양파 1개, 당근 60g, 청양고추 2개, 미나리 20g, 참치캔 2개, 푸실리 400g, 바질페스토 1병, 보코치니치즈 100g, 칵테일새우 300g, 식빵 4쪽, 방울토마토 12개, 바질잎 25g 등 |
|---|---|

June

# 옛날도시락

그냥 도시락이 지루할 때. 흔들다 보면 옛날 생각나 재미있는 도시락 만들어 봐요.

**재료**(6회분)

옛날 분홍소시지 500g
밥 6인분
달걀 9개

**멸치볶음 재료**

잔멸치 100g
맛술 3큰술
간장 2큰술
설탕 1큰술
식용유 1큰술

**김치볶음 재료**

잘게 썬 김치 6큰술
(신 김치일 경우 설탕
1/2큰술 추가)
설탕 1/2큰술
식용유 적당히

**만드는 법**

Cook

1. 멸치볶음을 만들어요.
프라이팬에 식용유 1큰술을 넣고 멸치볶음 재료를 넣은 뒤 약불에서 한 번 섞어 준다는 느낌으로 가볍게 볶아요.
2. 김치볶음을 만들어요.
김치를 잘게 잘라서 식용유 두른 프라이팬에 볶아요. 신 김치는 설탕을 반 큰술 넣고 볶으세요.
3. 소시지를 구워요.
옛날 분홍 소시지는 3mm 두께로 통째썰기해요. 달걀 3개를 잘 푼 다음 소시지에 골고루 묻혀서 식용유 두른 프라이팬에서 구워요.
4. 남은 달걀 6개로 달걀프라이를 해요.
5. 밀프렙용기에 밥을 1인분씩 한쪽에 잘 담고 그 위에 달걀프라이, 옛날 분홍소시지 5~6개와 멸치볶음, 김치볶음을 1큰술씩 넣어요.

밖에 가지고 나갈 때는 국물이 샐 수 있으니 뚜껑을 덮기 전 비닐랩을 씌우거나 도시락을 비닐에 잘 싸요.

따사 Tip

- 냉동실에서 꺼내자마자 바로 전자레인지에 3분 동안 해동해도 되지만 자칫 멸치가 탈 수 있어요. 멸치볶음이 있다면 실온에 두었다가 전자레인지에 돌리고 없다면 전자레인지에 바로 3분 돌려요.
- 뚜껑을 잘 닫고 흔들어 먹어 보세요. 간이 딱 맞아요.
- 저는 옛날도시락을 만들 때 '바른공식 0% 야채소시지' 200g를 2개 정도 사용해요.

# 미나리오징어덮밥

1, 피로회복 2, 숙취 해소 3, 지능 발달 4, 단백질 풍부 5, 저지방 식품 5징어! 미나리까지 만나 더 완벽해졌어요.
제철 오징어로 맛있는 덮밥을 만들었다가 두고두고 먹어요.

**재료**(6회분)

오징어 600g
양파 1개
당근 60g
대파 60g
청양고추 2개
미나리 20g(생략 가능)
밥 6인분
식용유 적당량

**양념 재료**

간장 5큰술
굴소스 2큰술
고추장 3큰술
고춧가루 3큰술
올리고당 3큰술
맛술 3큰술

**만드는 법**

**Prep**

1. 오징어는 손질해서 먹기 좋게 자르고 미나리는 깨끗이 씻어요.
2. 큰 볼에 양념 재료를 섞은 다음 오징어를 넣고 버무려요.
3. 양파는 채 썰고 대파와 당근은 2~3cm 길이로 썰어요.

**Cook**

4. 웍에 식용유를 두르고 중불에서 대파, 당근, 양파 순으로 넣고 볶아요.
5. 당근이 반쯤 익으면 2를 붓고 함께 볶아요.
6. 오징어가 익으면 청양고추와 미나리를 가위로 잘라서 넣어요.(오징어를 너무 오래 볶지 마세요. 센불에서 30초 정도면 적당해요. 전자레인지에 데우면서 또 적당히 익어요.).
7. 밥을 밀프렙용기에 소분하고 오징어볶음을 올려요.

**따사 Tip**

- 미나리 끝 줄기 부분은 질기기 때문에 잘라서 버려요.
- 미나리 대신 깻잎을 넣어도 좋아요.

# 큐브 참치김치볶음

밥 해 먹기 귀찮은 날은 참치김치볶음 큐브를 쏙 꺼내요. 밥 한 끼 뚝딱이에요.

**재료**(16개)

김치 600g
참치캔 150g 2개
참기름 또는 들기름 1큰술
깨 취향껏

**만드는 법**

**Prep**
1. 가위로 김치를 먹기 좋게 잘라요.

**Cook**
2. 프라이팬에 참치캔의 기름을 따르고 자른 김치를 볶아요.
3. 김치가 익으면 참치를 넣고 1분 더 볶아요.
4. 불을 끄고 참기름이나 들기름을 넣은 다음 깨를 뿌려 마무리해요.
5. 4구짜리 실리콘 큐브에 소분해요.

**따사 Tip**

- 밥 한 공기에 큐브 참치김치볶음 1개를 데워 올리거나 즉석밥에 올려 함께 데워요.
- 먹기 전에 달걀프라이를 해서 올려 먹으면 영양 만점 요리가 완성돼요.

# 바질치즈푸실리

잔뜩 긴장했던 하루, 휴식이 필요할 때 바질치즈푸실리 어때요? 바질은 신경을 안정시키는 효능이 있어서 지쳤던 마음을 가라앉히고 재충전할 수 있게 도와요.

**재료**(4회분)

푸실리 400g
시판용 바질페스토 190ml
소금 1/2큰술
바질잎 20g
보코치니치즈 100g
칵테일새우 300g
후추 취향껏
식용유 적당량

**만드는 법**

**Prep**

1. 끓는 물에 소금 1/2큰술을 넣은 뒤 푸실리를 넣고 11분간 삶아요(푸실리는 보통 12분 삶지만 밀프렙이기 때문에 약간 덜 익혀도 돼요.).
2. 푸실리를 식힌 다음 바질페스토 한 통을 다 붓고 가볍게 섞어요.

**Cook**

3. 식용유 두른 프라이팬에 칵테일새우를 구워요.
4. 밀프렙용기에 2를 소분해서 넣고 그 위에 보코치니치즈와 새우, 바질잎을 듬성듬성 올려요.
5. 마지막에 후추를 뿌려 마무리해요.

**보관**
냉동 2개월
냉장 2일

**해동**
전자레인지 5분(냉장 2분)

**따사 Tip**

- 남은 보코치니치즈는 냉동실에 보관해요.
- 보코치니치즈는 데우면 쭉 늘어나는 성질이 있어요.

EXTRA VIRGIN
OLIVE OIL
MINIOLIVA
EXTRA VIRGIN

# 여왕의 토스트

사보이 마르게리타 여왕이 맛있다고 극찬한 피자를 토스트로 만들어 보세요. 조리할 필요가 없어 인기가 많았던 메뉴예요.

**재료**(4회분)

작은 식빵 4개
모차렐라치즈 약 350g
방울토마토 12알(약 100g)
바질잎 5g
캡슐 올리브오일 4개

**만드는 법**

**Prep**

1. 밀프렙용기에 식빵을 하나씩 넣어요(테두리를 자르지 않아도 맛있어요.).
2. 식빵 위에 모차렐라치즈를 슬라이스한 뒤 2~3개씩 올리고 바질잎과 방울토마토를 듬성듬성 잘라 올려요.
3. 캡슐 올리브오일도 한 개씩 나눠 담아요.

캡슐 올리브오일은 해동 후 뿌려 먹어요(전자레인지나 에어프라이어에 넣지 마세요.).

따사 Tip

- '벨지오 모차렐라 로그슬라이스' 제품을 사용했어요. 잘라져 있어서 편해요.
- 올리브오일은 캡슐 상태로 담아져 있는 것을 한 개씩 넣어두면 편리해요. 올리브오일 캡슐은 실온에 놔두면 액체 상태가 돼요.

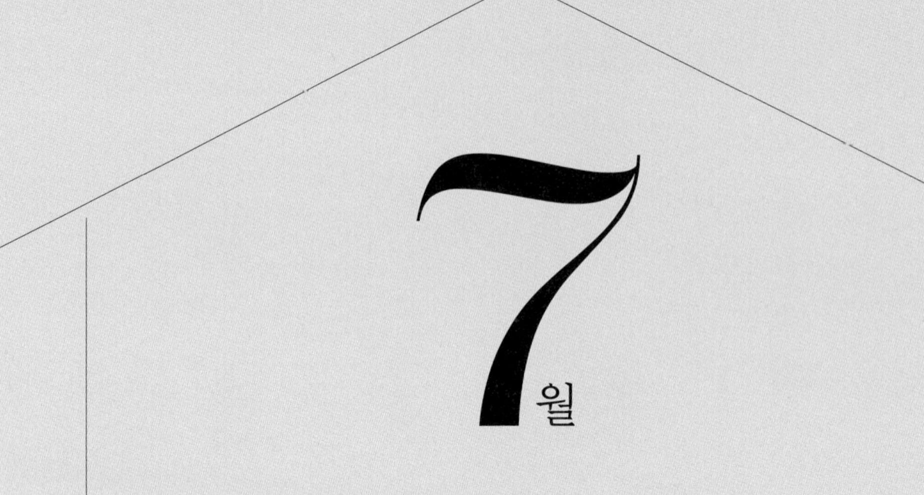


Menu

닭가슴살청양비빔밥

닭곰탕죽

불닭삼각주먹밥

버터카레

소고기감자부추 큐브

수박주스

| 이 달의 장바구니 ▶ | 닭가슴살 300g, 닭고기 400g(닭다리 4개), 닭안심 300g, 카레용 고기 150g(소고기 또는 돼지고기), 소고기 400g, 청양고추 6개, 양파 5개, 당근 2개, 감자 1개, 보코치니치즈 200g, 카레가루 1봉지, 버터 40g, 수박 반 통 등 |
| --- | --- |

# July

# 닭가슴살청양비빔밥

닭가슴살을 거부감 없이 먹는 가장 좋은 방법! 단백질은 채우고 칼로리는 뺀 청양고추 비빔밥이에요. 청양고추가 제철일 때 만들어 보세요. 담백함과 매콤함이 잘 어울려요.

**재료**(6회분)

닭가슴살 300g
청양고추 6개
밥 6인분
양파 1개
당근 1/2개
부추 3줄기(생략 가능)

**양념 재료**

간장 3큰술
굴소스 1.5큰술
맛술 1큰술
설탕 1큰술
다진 생강 1작은술
후추 취향껏

**만드는 법**

**Prep**

1. 닭가슴살은 잘게 자르고 양파와 당근, 부추를 다져요.

2. 양념 재료를 모두 섞은 뒤 닭가슴살에 버무려 10분간 재워요.

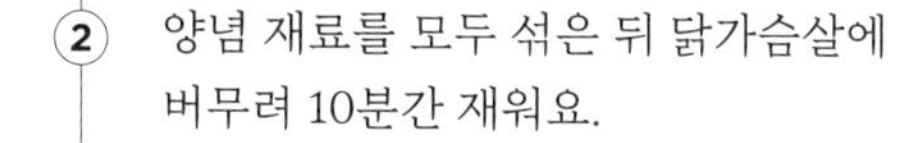

**Cook**

3. 웍에 식용유를 두르고 1과 2를 넣어 볶다가 닭가슴살이 익으면 밥을 넣고 볶아요.
4. 마지막에 간을 보고 싱거우면 소금 1작은술을 넣고 섞은 뒤 후추를 뿌려서 마무리해요.

5. 밀프렙용기에 닭가슴살볶음밥을 소분하고 청양고추 6개를 가위로 잘게 잘라서 각 용기에 골고루 올려요.

**보관**
냉동 2개월
냉장 3일

**해동**
전자레인지 5분(냉장 2분)

**따사 Tip**

- 애매하게 남은 채소는 이유식 큐브에 담아 냉동실에 넣어 보세요. 볶음밥이나 달걀말이 할 때 좋아요.
- 마요네즈를 뿌려도 맛있어요.

# 닭곰탕죽

한약재를 넣지 않아 아이들도 잘 먹는 닭곰탕죽! 더울 때는 가스불 앞에서 죽 끓이기 쉽지 않잖아요? 한 번 만들어 기력 보충하고 싶을 때 꺼내 드세요. 닭곰탕은 덤이에요.

**재료**(4회분)

닭고기 400g(닭다리 4개)
대파 1/3줄기
부추 2줄기
양파 1/2개
당근 1/2개
마늘 2알
대추 6알(생략 가능)
쌀 2컵
소금 1/2큰술
간장 1큰술

**만드는 법**

**Cook**

1. 웍에 물을 채우고 닭고기, 양파, 대추, 대파, 마늘, 소금을 넣고 30분간 끓여요(물은 재료 양의 3배 정도가 되도록 넣어요.).

2. 육수 위에 뜬 기름을 한 번 걷어내고 대추를 제외한 채소는 건져 버려요.
3. 쌀 2컵을 씻은 다음 물은 버리고 쌀만 전기밥솥에 넣은 다음 닭고기 육수를 두 국자 정도 떠서 넣어요.
4. 부추와 당근을 다져서 간장과 함께 3에 넣은 뒤 죽 코스 모드로 취사해요(죽 코스 물 눈금에 물이 부족하면 추가로 채워요.).

5. 취사가 끝난 뒤 간을 보고 싱거우면 취향껏 간장을 추가해요. 밀프렙용기에 닭죽을 담고 삶은 닭다리 1개와 대추를 올려요.

보관: 냉동 2개월 냉장 3일

해동: 전자레인지 5분(냉장 3분)

**따사 Tip**

- **냄비 죽 끓이는 방법**: 닭과 채소를 끓인 육수에 밥을 넣어서 끓이는 방법도 있어요. 밥과 육수의 비율이 1:2가 되도록 하고 약한 불에 저으면서 죽을 끓여요. 육수가 부족하면 물을 좀 더 넣어요. 마지막에 간장으로 간을 맞춰요.
- 밀프렙하지 않은 채 그냥 먹으면 닭곰탕이에요. 밥을 따로 담아 국처럼 먹어도 돼요.

# 불닭삼각주먹밥

치즈가 쭉 늘어나는 매콤한 다이어트 주먹밥, 맛과 단백질을 한번에 챙겨요.

**재료**(약 14개)

닭안심 300g
밥 900g
양파 1/2개
당근 1/2개
쪽파 100g(대파로 대체 가능)
보코치니치즈 약 200g
식용유 적당량

**양념 재료**

고춧가루 2큰술
식용유 2큰술
간장 3큰술
굴소스 1큰술
설탕 1큰술
후추 취향껏

**만드는 법**

**Prep**

1. 닭안심과 양파, 당근, 쪽파를 잘게 썰어요. 초퍼에 다져도 좋아요. 닭안심을 초퍼에 넣을 땐 3등분 하세요.

**Cook**

2. 웍에 식용유를 두르고 다진 재료와 양념 재료를 넣고 볶아요.
3. 닭고기가 다 익으면 밥과 섞어요.
4. 주먹밥 틀에 3을 반쯤 채우고 그 위에 보코치니치즈(2개 넣으면 더 맛있어요.)를 올린 다음 다시 밥을 덮어 주먹밥을 만들어요.

| 보관 | 해동 | 냉장 |
|---|---|---|
| 냉동 2개월<br>냉장 2일 | 전자레인지 2분 또는 에어프라이어 140도 18분 | 전자레인지 1분 또는 에어프라이어 180도 10분 |

**따사 Tip**

- 후추는 선택이에요.
- 더 매운맛을 원하면 청양고추 한 개를 다져서 넣어요.
- 온라인 마켓에서 6구 주먹밥 틀을 검색해서 저렴한 것을 구입하면 돼요.

10g
10g
10g
10g
10g
10g
10g

# 버터카레

면역력 높여 주는 카레와 뼈 건강에 좋은 버터의 만남! 카레의 풍미를 한층 높여 주는 버터카레를 만들어 보세요.

**재료**(4회분)

카레여왕 카레가루 1봉지(108g)
카레용 고기 150g(소고기, 돼지고기 모두 가능)
양파 2개
감자 1개
당근 1/2개
밥 4인분
버터 40g(조각 버터 4개)
물 2컵(360ml)

**만드는 법**

**Prep**
1. 양파는 가늘게 채 썰고 감자와 당근은 깍둑썰기해요.

**Cook**
2. 웍에 조각 버터 두 개(버터 20g)를 넣고 1의 채소와 고기를 함께 볶아요.
3. 고기와 감자가 익으면 물 360ml와 카레가루를 넣고 저어가며 끓여요.
4. 밀프렙용기에 밥을 1인분씩 담고 카레를 올린 뒤 버터를 5g씩 잘라서 올려요(조각 버터 1/2쪽).

사진 속 버터는 '페이장 브레통 물레 무염 버터'예요.
따사 Tip

# 소고기감자부추 큐브

여름부터 제철인 감자는 땅에서 나는 사과라는 이야기가 있어요. 소고기와 궁합도 좋아요. 메뉴 고민하기 싫을 때 소고기감자부추 큐브를 빼서 밥 위에 얹고 전자레인지에 돌려 보세요.

**재료**(큐브 약 12개분)

소고기 400g
양파 1개
감자 1개(약 200g)
부추 5줄기(쪽파로 대체 가능)
식용유 적당량

**양념 재료**

굴소스 1큰술
간장 4큰술
설탕 2큰술
맛술 1큰술
소금 1작은술
참기름 1큰술
다진 마늘 1큰술

**만드는 법**

**Prep**

① 양파와 감자, 부추는 각각 잘게 다져요.(초퍼를 사용하면 편해요.).

**Cook**

② 프라이팬에 식용유를 두르고 양파와 감자를 볶아요.

③ 감자가 익으면 소고기와 양념 재료를 넣고 약불에 졸이듯이 볶아요.

④ 불을 끄고 썰어 둔 부추와 참기름과 섞은 뒤 큐브에 소분해요.

**따사 Tip**

- 감자의 비타민은 열에 쉽게 파괴되지 않아요.
- 초등학교 저학년까지는 큐브 1개만 데워서 밥 위에 올리고 달걀프라이를 함께 얹어서 주면 좋아요.

K-REX
250ml
APPROX. VOL.
200
150
100
50
BON
APPÉTIT!

# 수박주스

여름에 수박주스를 얼려 두면 가을에도 먹을 수 있어요. 사 먹는 수박주스보다 더 맛있으니 꼭 해보세요.

**재료**(약 8회분)

수박 반 통(약 3kg)

**만드는 법**

**Prep**

① 수박을 잘라 껍데기는 버리고 믹서기에 과육과 씨를 함께 갈아요.

② 주스병에 나눠 담아요. 이때 병의 2/3만 채워요.

- 병에 내용물을 가득 담으면 얼면서 유리가 팽창해 깨질 수 있어요.
- 수박씨의 시트룰린 성분은 붓기를 제거해준다니 씨도 같이 갈아서 드세요. 맛도 좋아요.
- 여름에 도시락 쌀 때 얼려 둔 수박주스를 함께 넣어 가지고 나가면 보랭효과도 있어요.
- 사진 속 제품은 '미르 헥사 눈금 유리병'이에요.

**따사** Tip

보관

냉동 3개월
냉장 3일

해동

실온

Menu

불고기덮밥

치즈리소토

치즈듬뿍 춘천닭갈비

오야코동

감자달걀샌드위치

치즈고구마

**이 달의 장바구니** ▸ 소고기 400g, 닭다리살 700g, 애호박 1/3개, 양파 2개, 당근 2개, 양송이버섯 100g, 생크림 240g, 우유 180ml, 양배추 200g, 달걀 5개, 감자 2개, 모닝빵 6개, 고구마 4개, 모차렐라치즈 등

# August

# 불고기덮밥

무더운 여름, 전자레인지로 불고기를 만들어 얼려 두세요. 불 앞에 서 있지 않아도 한 끼가 완성돼요.

**재료**(4회분)

소고기 400g(불고기용)
애호박 1/3개(생략 가능)
당근 20g
양파 1개
밥 4인분

**양념 재료**

간장 6큰술
설탕 2큰술
맛술 4큰술
참기름 1큰술
굴소스 1큰술

**만드는 법**

**Prep**

1. 양파, 당근, 애호박은 채 썰고 소고기는 먹기 좋은 크기로 잘라요.
2. 전자레인지용기에 소고기와 채소를 담고 양념 재료를 섞어서 소고기 위에 부어요. 냉장고에서 15분 재워요.

**Cook**

3. 냉장고에서 2를 뺀 다음 전자레인지에 넣고 10분 돌려요.
4. 밀프렙용기에 밥을 1인분씩 담고 불고기를 소분해서 담아요.

보관: 냉동 2개월
해동: 전자레인지 5분

**따사 Tip**

- 가스불로 할 땐 양파를 한 개 더 추가해서 볶아요.
- 콘옥수수를 넣으면 달큼하고 맛있어져요.

# 치즈리소토

가스레인지에서 조리하면 자칫 실패하기 쉬운 리소토, 이제 전자레인지로 쉽게 만들어요.

**재료**(4회분)

양송이버섯 100g
밥 420g
모차렐라치즈 취향껏

**리소토 소스 재료**

생크림 240g
우유 한 컵(180ml)
다진 마늘 1/2큰술
참치액 1작은술
허브솔트 1/2큰술

**만드는 법**

**Prep**

1. 양송이버섯을 다져요.
2. 전자레인지용기에 다진 양송이버섯과 밥, 소스 재료를 넣어요.
3. 2를 전자레인지에 8분간 돌려요.
4. 5분간 뜸 들인 다음 밀프렙용기에 나눠 담아요.
5. 모차렐라치즈를 취향껏 올려요.

보관
냉동 2개월
냉장 4일

해동
전자레인지 5분(냉장 2분)

**따사 Tip**

- 사진 속 제품은 '킬너 블랙퍼스트 자세트'예요. 숟가락이 함께 있어서 도시락으로 가져가기 좋아요.
- 양송이버섯 대신 새송이버섯을 넣어도 좋아요.

# 치즈듬뿍 춘천닭갈비

닭갈비 집에서 먹는 볶음밥 맛 그대로! 춘천닭갈비를 느껴 보세요.

**재료**(4회분)

닭다리살 350g
밥 4인분
모차렐라치즈 4큰술(약 60g)
양파 1/4개
양배추 100g
당근 20g
깻잎 5장
참기름 약간
후추 취향껏
식용유 적당량

**양념 재료**

맛술 1/3컵
고추장 1/2큰술
다진 마늘 1큰술
고춧가루 2.5큰술
소금 1작은술
설탕 1큰술
간장 3큰술

**만드는 법**

**Prep**

1. 큰 볼에 닭다리살과 양념 재료를 모두 넣어요. 위에 양파, 양배추, 당근, 깻잎을 채 썰어 넣고 섞은 다음 냉장고에서 15분간 재워요.

**Cook**

2. 웍에 식용유를 두르고 물 3큰술과 1을 넣고 볶아요.
3. 참기름과 후추를 넣고 섞은 뒤 국물은 두고 닭고기와 채소만 다른 곳에 덜어요.
4. 남은 국물에 밥을 넣고 볶아요. 간이 부족하면 간장을 약간 추가하세요.
5. 밀프렙용기에 볶음밥을 나눠 담고 그 위에 닭고기와 채소, 모차렐라치즈를 적당히 나눠 올려요.

# 오야코동

닭 냄새 걱정 없어요. 무더운 여름에도 쉽게 만드는 전자레인지 오야코동. 바로 만들어 보세요.

**재료**(4인분)

닭다리살 350g
당근 20g
양파 1/4개
양배추 100g
깻잎 5장
밥 4인분

**양념 재료**

굴소스 1큰술
간장 3큰술
맛술 1/3컵(60ml)
설탕 1큰술
다진 마늘 1큰술
소금 1/2작은술

**만드는 법**

**Prep**

1. 큰 볼에 닭다리살을 넣고 당근, 양파, 양배추, 깻잎은 채 썰어 넣어요.
2. 1에 양념 재료를 모두 섞고 냉장고에서 10분간 재워요.
3. 전자레인지용기로 옮겨서 전자레인지에 넣고 10분 돌려요.

**따사 Tip**

- 가스불에 조리할 때는 2번 과정까지 한 다음 양배추 100g을 추가해 웍에서 볶아요.
- 해동할 때 오야코동 위에 생달걀을 깨서 올린 뒤 데우면 더 완벽해져요(노른자는 젓가락으로 콕 찍어 터뜨려요.).

보관: 냉동 3개월

해동: 전자레인지 5분

쪽파나 부추를 잘게 다져 넣고 밀프렙해도 좋아요.

BON
PPÉTIT!

# 감자달걀샌드위치

감자달걀샌드위치를 집에서 만들어 먹으면 한 개당 오백 원꼴로 저렴해요. 첨가물 없이 건강해서 아이들에게 자주 해주는 간식이에요. 방학 간식으로 딱이랍니다.

**재료**(6개)

감자 2개
달걀 3개
모닝빵 6개

**소스 재료**

마요네즈 4큰술
소금 1작은술
머스터드 1큰술
후추 약간

**만드는 법**

**Prep**

1. 감자는 껍질을 깎아 반으로 자르고 전자레인지에 4분 돌려요.
2. 달걀은 끓는 물에 8분 삶아서 준비해요.

**Cook**

3. 큰 볼에 감자와 달걀을 넣고 포크로 으깨요.
4. 3에 소스 재료를 넣고 섞어요.
5. 모닝빵을 반으로 자르고 4를 넣은 후 모닝빵을 다시 덮어요.

**보관**
냉동 2개월
냉장 2일

**해동**
전자레인지에서 1분 돌린 후 에어프라이어 160도 10분

**냉장**
에어프라이어 190도 5분 후 전자레인지 30초

비닐랩에 싸서 냉동해도 좋아요.

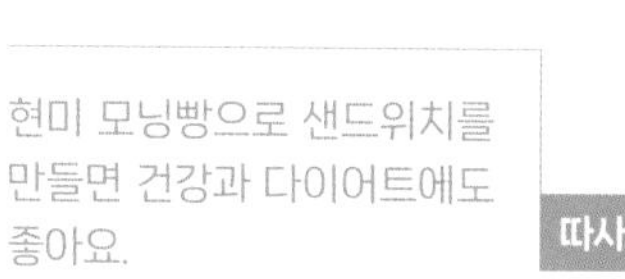

현미 모닝빵으로 샌드위치를 만들면 건강과 다이어트에도 좋아요.

**따사 Tip**

MINIOLIVA®
www.alcalaoliva.com
PRODUCTO DE ESPAÑA PRODUCT OF SPAIN
ACEITE DE OLIVA VIRGEN EXTRA
EXTRA VIRGIN
OLIVE OIL

# 치즈고구마

맛있고 건강한 다이어트 음식 찾으셨나요? 패밀리레스토랑 고구마 레시피보다 맛있는 치즈고구마로 다이어트, 맛 모두 잡아요. 배도 불러서 일명 '배불렀구마!'예요.

**재료**(4회분)

큰 고구마 4개
보코치니치즈 약 200g
당근 1개
브로콜리 8조각(작은 것, 약 100g)
올리브오일 캡슐 4개

**만드는 법**

Prep
1. 전자레인지용기에 고구마 4개를 넣고 7분간 돌려 익혀요.
2. 브로콜리 반 송이를 8조각으로 나누고 당근은 1cm 두께로 통째썰기한 뒤 전자레인지에서 3분간 돌려 익혀요.
3. 밀프렙용기에 고구마를 한 개씩 넣고 주변에 브로콜리와 당근을 담아요.
4. 고구마를 세로로 반 가른 뒤 보코치니치즈를 줄지어 넣고 고구마 주변에도 보코치니치즈를 취향껏 놔요.
5. 올리브오일 캡슐을 함께 담아요.

보관
냉동 2개월

해동
실온 10분 또는 전자레인지 5분

올리브오일 캡슐을 전자레인지에 돌리지 않도록 주의하세요.

따사 Tip
치즈고구마를 데운 뒤 올리브오일을 뿌려 보세요. 건강에도 좋고 고급진 맛이 나요.

# 9월

Menu

참나물삼각주먹밥

낙지볶음과 소면

브런치도시락

통통오지치즈

바질샌드위치

| 이 달의 장바구니 ▸ | 소고기 다짐육 300g, 당근 1/2개, 참나물 50g, 손질 낙지 850g, 소면 100g, 양배추 200g, 청경채 30g, 식빵(자르지 않은 것) 300g, 소시지 4줄, 달걀 10개, 브로콜리 150g, 방울토마토 16개, 감자 6개, 슈레드 모차렐라치즈 60g, 베이컨 3줄, 치아바타 270g, 바질페스토 120g 1병 등 |
|---|---|

September

# 참나물삼각주먹밥

참나물이 들어가 있어 가을의 시작을 느낄 수 있어요. 고기가 듬뿍이라 한 개만 먹어도 든든하답니다.

**재료**(12개)

소고기 다짐육 300g
밥 4인분
당근 1/2개
참나물 50g
식용유 약간
후추 취향껏

**소스 재료**

간장 2큰술
굴소스 1큰술
설탕 1큰술
맛술 1큰술
다진 마늘 1큰술

**만드는 법**

**Prep** ① 당근과 참나물 2/3을 잘게 다져요.

**Cook** ② 프라이팬에 식용유를 두르고 1과 고기, 소스 재료를 넣은 다음 졸이듯이 볶아요.

③ 밥에 2를 넣고 섞은 다음 후추를 취향껏 뿌려요(생략 가능해요.).

④ 주먹밥 틀에 참나물잎을 깔고 밥을 넣은 다음 뚜껑을 닫아 주먹밥을 만들어요.

⑤ 밀프렙용기에 2~3개씩 소분해요.

**보관**
냉동 2개월
냉장 2일

**해동**
전자레인지 3분(냉장 1분)

에어프라이어 140도로 예열 후 18분간 데우면 더 바삭하고 맛있어요.

**따사 Tip**

- 밀프렙용기에 주먹밥을 담을 때는 사이사이에 종이호일을 끼워요.
- 글래드랩으로 하나씩 포장해서 밀프렙해도 돼요.

# 낙지볶음과 소면

얼렸다 녹여 먹어도 탱글탱글한 소면! 낙지볶음과 곁들어 먹으면 잃었던 입맛도 되찾을 수 있어요.

**재료**(4회분)

손질 낙지 850g
소면 100g
대파 반 줄기
양배추 200g
양파 1/2개
청경채 30g(생략 가능)
참기름 4큰술
식용유 적당량

**양념 재료**

고춧가루 1큰술
설탕 1/2큰술
고추장 1큰술
간장 1큰술
굴소스 2큰술
멸치액젓 1큰술(참치액 대체 가능)

**만드는 법**

**Prep** 소면 삶기: 소면은 끓는 물에 3분간 삶은 뒤 바로 찬물에 헹구고 참기름을 넣어 가볍게 섞어요. 너무 익지 않게 탱탱하게 삶아요.

1. 대파는 잘게 썰고 양파를 채 썰어요.
2. 웍에 식용유를 두르고 대파를 볶아 파기름을 내요.

**Cook**

3. 2에 낙지, 양파, 양념 재료를 모두 넣고 볶아요(오래 볶지 말고 양파와 낙지가 익을 때까지 볶아요.).
4. 마지막으로 청경채를 듬성듬성 잘라 넣고 30초 정도 볶아 마무리해요.
5. 밀프렙용기에 삶은 소면과 낙지볶음을 소분해서 담아요.

보관
냉동 2개월
냉장 5일

해동
전자레인지 3분(냉장 1분 30초)

더 매운맛을 원하면 청양고추를 썰어서 올려요.

**따사** Tip

# 브런치도시락

더위가 한풀 꺾인 9월. 브런치도시락을 들고 공원으로 놀러 가요. 브런치도시락만 있으면 내가 있는 곳 어디든 카페가 돼요. 커피랑 유독 잘 어울린답니다.

**재료**(4회분)

식빵 약 300g(자르지 않은 것)
소시지 4줄(120g)
달걀 10개
브로콜리 150g
방울토마토 16개(약 200g)
버터 40g(조각 버터 4개)
생크림 2큰술
소금 1작은술

**만드는 법**

**Prep**

1. 식빵을 밀프렙용기 크기에 맞게 잘라요.
2. 밧드에 달걀 2개를 넣고 푼 다음 생크림 1큰술과 소금 1작은술을 넣고 잘 풀어요.

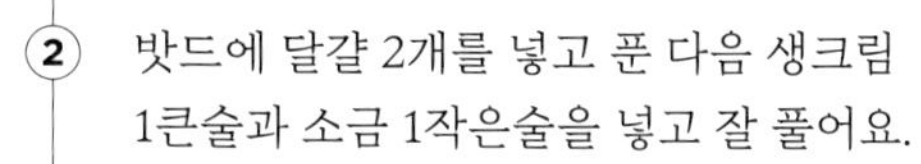

3. 2에 식빵을 골고루 묻혀요.

**Cook**

4. 프라이팬에 버터를 올려 녹인 다음 계란물 입힌 식빵을 약불에 구워 프렌치토스트를 만들어요.
5. 달걀을 8개를 풀고 생크림 1큰술 넣어 스크램블드에그를 만들어요.
6. 소시지는 살짝 굽고, 브로콜리는 전자레인지에 3분 익혀요. 방울토마토도 반으로 잘라 준비해요.
7. 프렌치토스트는 4조각으로 잘라 밀프렙용기에 담고 남은 버터를 작게 잘라 올려요. 스크램블드에그, 브로콜리, 방울토마토도 소분해요.

**따사 Tip**

저는 주로 페이장 브레통 생크림을 사용해요. 뚜껑이 있어서 냉장 보관하기 좋아요. 리소토나 크림파스타 만들 때 사용해 보세요.

# 통통오지치즈

무심하게 툭툭 썬 감자에 치즈만 올린 간단한 레시피예요. 아이들은 물론 어른들도 좋아할 요리랍니다.

**재료**(3회분)

감자 6개(중간 크기)
슈레드 모차렐라치즈 60g
(취향껏 듬뿍 뿌려도 돼요.)
베이컨 3줄(약 50g)

**만드는 법**

**Prep**

① 감자는 쪄서 4등분 하고 베이컨은 작게 잘라요.

② 감자를 밀프프렙용기에 소분해서 담고 그 위에 베이컨과 치즈를 올린 다음 뚜껑을 닫아 냉동해요.

보관
냉동 3개월

해동①
전자레인지 5분

해동②
에어프라이어 180도 15분

내열유리용기에 밀프렙하면 바로 에어프라이어에 넣고 돌릴 수 있어요.

**따사 Tip** 감자는 껍질을 깎은 뒤 전자레인지용기에 담아 비닐랩을 씌운 다음 구멍을 한두 개 뚫고 전자레인지에 10분간 돌려요.

# 바질샌드위치

제가 만들고도 너무 맛있어서 놀란 샌드위치예요. 바질페스토랑 모차렐라치즈만 넣었을 뿐인데 맛이 일품이랍니다.

**재료**(6회분)

치아바타 6쪽(세 쌍, 약 270g)
모차렐라치즈 180g(1큰술 15g)
시판용 바질페스토 120g(1회분 20g)

**만드는 법**

**Prep**

1. 치아바타 측면을 반으로 가르고 한 쪽에 바질페스토 1큰술을 펴 발라요.
2. 그 위에 모차렐라치즈를 2큰술씩(30g) 듬뿍 얹어요.
3. 나머지 치아바타를 덮어요.
4. 비닐랩에 싸거나 냉동용기에 넣어 밀프렙해요.

| 보관 | 해동 | 냉장 |
|---|---|---|
| 냉동 2개월<br>냉장 3일 | 에어프라이어<br>180도<br>10분 | 에어프라이어<br>190도 5분 후<br>전자레인지<br>30초 |

에어프라이어에 돌릴 때는 타지 않는지 중간중간 확인해요.

**따사 Tip**

- 저는 주로 '바릴라 바질 페스토 파스타소스'를 사용해요.
- 토마토를 좋아하면 방울토마토를 얇게 잘라 넣어요.

# 10월

Menu

참치마요밥

밥솥 전복죽

현미떡볶이

마라탕

크림파스타

핫케이크

**이 달의 장바구니** ▶ 참치캔 170g, 달걀 6개, 당근 1개, 전복 2개, 양배추 300g, 현미가래떡 4개, 메추리알 300g, 어묵 100g, 모차렐라치즈, 사골육수 350ml, 마라탕소스 220g, 청경채 150g, 푸주 200g, 소고기 200g, 리가토니 200g, 양송이버섯 2개, 양파 1개, 팬케이크 믹스가루 350g, 우유 500ml, 베이컨, 체다치즈 등

paysan BRETON
Au Sel de Guérande
RUMMO

# 참치마요밥

호불호 없는 참치마요, 이제 참지 마세요. 밖에서 사 먹는 것보다 훨씬 맛있고 건강해요.

**재료**(4회분)

밥 4인분(쌀 4컵, 물 3.5컵)
당근 1/4개
브로콜리 작은 것 2조각
조각 버터 1개(10g,
참기름으로 대체 가능)
생크림 1큰술
참치캔 170g
달걀 6개
마요네즈 4큰술
굴소스 2큰술

**만드는 법**

**Prep**

① 브로콜리와 당근을 다져요.

② 전기밥솥에 쌀 4컵과 다진 채소를 함께 넣어 채소밥을 만들어요. 이때 물 높이는 3.5컵으로 맞추고 백미 취사를 해요(채소에서도 수분이 나와요.).

**Cook**

③ 채소밥에 조각 버터 1개, 참치, 굴소스를 넣고 가볍게 섞어요.

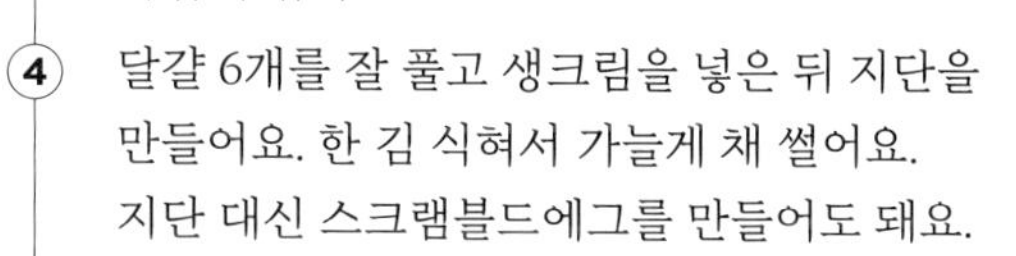

④ 달걀 6개를 잘 풀고 생크림을 넣은 뒤 지단을 만들어요. 한 김 식혀서 가늘게 채 썰어요. 지단 대신 스크램블드에그를 만들어도 돼요.

⑤ 밀프렙용기에 3의 채소밥을 1인분씩 담고 지단을 올려요. 참치와 마요네즈를 섞은 다음 1큰술씩 올려요(마요네즈를 좋아하면 그 위에 조금 더 뿌려요.).

# 밥솥 전복죽

사 먹으면 비싼 전복죽, 만들어서 먹으면 전복을 잔뜩 넣어 양껏 먹을 수 있어요.

**재료**(6회분)

밥 3인분(약 630g)
전복 2개
당근 1/2개
부추 2줄기(생략 가능)
간장 1큰술
소금 1작은술
식용유 1큰술

**만드는 법**

**Prep**

1. 전복 껍데기와 살을 분리해요. 숟가락을 뾰족한 쪽(입 부분)에 집어 넣고 뺀(싱싱할수록 잘 안 떨어지니 다치지 않게 조심해요.)다음 입 부분을 잘라내요.
2. 검은 내장을 따로 떼서 종지나 작은 그릇에 놓고 가위로 잘게 잘라요.
3. 당근은 잘게 다져요. 전복 1.5개도 잘게 다져요(전복 반 개는 고명용으로 슬라이스해요.).

**Cook**

4. 냄비에 식용유를 1큰술 두르고 내장과 다져 둔 전복, 당근을 볶다가 당근이 익으면 밥을 붓고 섞어요.
5. 물을 밥 양의 두 배 정도 붓고 저으면서 끓여요. 간장과 소금으로 간을 해요(부족한 간은 간장을 더 넣어서 맞춰요.).
6. 밀프렙용기에 나눠 담고 고명용 전복을 위에 올려요. 부추를 잘라 올려도 좋아요.

**따사 Tip**

- **전복 손질법**: 전복은 솔이나 수세미로 표면을 닦아요.

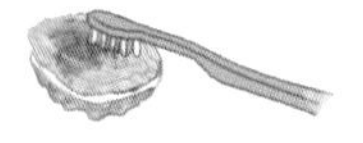

- 당근은 베타카로틴이 풍부해 눈 건강에 좋아요. 전복과 궁합이 좋아 함께 요리하면 시력 보호와 피부 건강에 좋답니다.
- 죽을 데운 후 생달걀노른자를 올려 먹으면 맛있어요.

**보관**
냉동 2개월
냉장 3일

**해동**
전자레인지 5분(냉장 2분)

# 현미떡볶이

우리 집 냉동실이 분식 맛집으로 변해요. 맛있는 떡볶이를 현미떡으로 만들면 건강까지 잡을 수 있답니다.

**재료**(4인분)

현미가래떡 4개(약 300g, 일반 떡볶이 떡 18개 정도)
양배추 300g
삶은 메추리알 100g
양파 1/2개
대파 50g
당근 1/3개
어묵 100g
모차렐라치즈 120g

**양념 재료**

고추장 3큰술
설탕 3큰술
간장 3큰술
고춧가루 3큰술
참치액 3큰술
물 600ml

**만드는 법**

**Prep**
1. 양배추를 2cm 길이로 채 썰고 양파, 대파, 당근도 채 썰어요. 어묵은 2cm 길이로 네모나게 썰어요.

**Cook**
2. 냄비에 1의 재료와 현미가래떡, 메추리알, 양념 재료를 넣고 떡이 말랑해질 때까지 끓여요.

3. 밀프렙용기에 나눠 담고 모차렐라치즈를 2큰술씩 올려요.

보관: 냉동 2개월
해동: 전자레인지 5분

**따사 Tip**

- 저는 주로 '올가홀푸드 밀가루 제로 순어묵'을 사용해요.
- 다이어트나 혈당 관리하는 분은 설탕 대신 액상 알룰로스로 대체해요. 분량은 같아요.

# 마라탕

마라탕 매번 사 먹기 돈 아까우셨죠? 집에서도 마라탕을 먹을 수 있어요. 한 번 만들어서 알싸함이 당길 때 꺼내 먹어요.

**재료**(5회분)

시판용 사골육수 350ml
시판용 마라탕소스 220g
청경채 150g
푸주 200g
소고기 200g
메추리알 200g
물 1000ml

**만드는 법**

**Prep** ① 푸주는 요리하기 3시간 전 미리 물에 불려요.

**Cook** ② 냄비에 물 1000ml를 붓고 재료를 한꺼번에 넣은 다음 팔팔 끓여요.

**보관**
냉동 3개월
냉장 5일

**해동**
전자레인지 5분 (냉장 2분 30초)

**따사 Tip**

- 옥수수면을 좋아하면 함께 넣어요. 해동해도 맛있게 먹을 수 있어요.
- 옥수수면 넣을 때는 불지 않을 정도로 익힌 다음 찬물에 헹구고 참기름을 섞어요. 면만 따로 소분해서 냉동해 두었다가 마라탕 해동할 때 같이 올려서 해동해요.

RIGATONI
Nº 50
RUMMO
FE' FA' 'E COSE BONE
CE VO' TIEMP'
Lenta
Lavorazione

# 크림파스타

크림파스타 좋아하세요? 꾸덕하고 고소한 크림파스타가 당길 때 냉동실에서 꺼내 먹어요.

**재료**(4회분)

리가토니 200g
베이컨 1줄(생략 가능)
슈레드치즈(취향껏,
모차렐라치즈 갈아서 사용 가능)
양송이버섯 2개(생략 가능)
양파 1개
다진 마늘 1큰술
소금 1작은술
식용유 적당량
후추 취향껏

**크림소스 재료**

생크림 꽉 채운 2컵(400ml)
체다치즈 2장
참치액 2큰술

**만드는 법**

**Prep**

1. 베이컨을 작은(약 1cm 길이) 크기로 자르고 양송이버섯도 먹기 좋은 크기로 잘라요. 양파는 채 썰어요.
2. 끓는 물에 소금을 넣은 다음 리가토니를 넣고 팔팔 끓여요. 13분 정도 익힌 다음 면을 채반에 옮겨 식혀요(물에 헹구지 않아도 돼요.).

**Cook**

3. 달궈진 프라이팬에 식용유를 적당히 넣고 양파, 베이컨, 양송이버섯, 다진 마늘을 넣고 볶다가 삶은 리가토니와 크림소스 재료를 넣고 보글보글 끓여요(5분 정도, 바닥에 면이 들러붙지 않게 저어요.).
4. 밀프렙용기에 크림파스타를 소분해서 담아요. 후추와 슈레드치즈를 취향껏 올려 주세요.

사진 속 파스타면이 리가토니예요.

**따사 Tip**

슈레드치즈는 '크래프트 슈레드 이탈리안 파이브치즈'를 주로 사용해요. 가늘게 채 썰어져 있어서 요리 마지막에 뿌리면 모양도 예쁘고 풍미도 살아요. 남은 치즈는 잘 밀봉해서 냉동해요(모차렐라치즈를 간 것이라 냉동해도 괜찮아요.).

# 핫케이크

아이들이 정말 좋아해요. 핫케이크에 신선한 과일과 버터, 메이플시럽을 곁들여 보세요. 주말 아침, 간단히 아점으로 대체하기 좋고, 간식으로도 좋아요.

**재료**(지름 10cm짜리 팬케이크 12개)

시판용 팬케이크 믹스가루 약 350g

우유 500ml

조각 버터 1~2개(식용유 대체 가능)

올림용 버터 6개(60g)

**만드는 법**

**Prep**

1. 팬케이크 믹스가루에 우유를 부어 잘 섞어요.
2. 유산지나 종이호일을 가로세로 10cm 정도 크기로 잘라요(11장 준비).

**Cook**

3. 프라이팬에 버터나 식용유를 두르고 1을 한 국자 떠서 붓고 약불에서 천천히 구워요.
4. 다 구운 핫케이크 사이에 유산지를 끼워 밀프렙용기에 담아요.

저는 주로 '키알라 유기농 팬케이크 믹스'를 써요. 통에 우유를 부어 흔든 다음 굽기만 하면 되는 제품에요.

**따사 Tip**

보관
냉동 3개월
냉장 2일

해동
전자레인지 2분 또는 실온 15분(냉장 30초)

# 11월

Menu

소고기장조림
버터장조림밥
참치죽
전기밥솥 해물밥
잠봉뵈르샌드위치
얼갈이된장국

**이 달의 장바구니** ▶ 한우 사태 1200g, 메추리알 300g, 양파 1/2개, 달걀 6개, 참치캔 2개, 당근 1/3개, 굴 500g, 새우 200g, 바게트 1개, 샌드위치햄 100g, 하몽 100g, 얼갈이 200g, 하바티치즈 등

# November

# 소고기장조림

반찬 가게에서 한 번쯤 들었다 놨다 하는 반찬 중에 소고기장조림이 있어요. 이제 집에서 한우로 양껏 만들어 먹고 마땅한 반찬 없을 때마다 꺼내 먹어요.

**재료**(6회분)

한우 사태 600g
물 2L(사태 삶는 용)
소금 1큰술(사태 삶는 용)
메추리알 300g
양파 1/2개
대파 1/3줄기
통마늘 4알

**양념 재료**
양조간장 1컵(90ml)
설탕이나 원당 90ml
맛술 90ml
생수 4컵(720ml)

**만드는 법**

**Prep**
1. 한우 사태를 한 번 헹군 다음 냄비에 물과 소금, 사태를 넣고 중불에서 1시간 30분 정도 끓여요.
   * 중간에 물이 부족하면 채워요.

**Cook**
2. 사태를 건진 다음 새로운 냄비에 사태를 찢어서 넣고 메추리알, 양파, 대파, 마늘, 양념 재료를 넣고 10분만 끓여요.
3. 한 끼씩 꺼내 먹을 수 있는 밀프렙용기에 소분해요.

보관
냉동 2개월
냉장 2주

해동
전자레인지 3~5분(냉장 실온)

사태 끓인 육수는 버리지 말고 두었다가 미역국을 끓여 보세요. 코인육수와 미역을 넣고 간장으로 간을 하면 맛있는 미역국이 된답니다.

따사 Tip

# 버터장조림밥

어렸을 때 따뜻한 밥에 마가린 넣어 비벼 먹던 마가린 비빔밥 기억나세요? 그 맛을 다시 느낄 수 있어요. 마가린보다 건강한 버터로 즐겨 보세요.

**재료**(4회분)

밥 4인분
달걀 6개
생크림 1큰술
소금 1작은술
식용유 적당량
장조림 300g
장조림 국물 4큰술
간장 1큰술
버터 30g(조각 버터 3개)

**만드는 법**

**Cook**

1. 달걀을 푼 다음 생크림, 소금을 넣고 섞어요. 프라이팬에 식용유를 붓고 빠르게 볶아서 스크램블드에그를 만들어요.
2. 밥에 장조림 국물, 간장, 버터 10g(조각 버터 1개)를 넣고 가볍게 섞어요.

3. 밀프렙용기에 2를 소분해서 담고 그 위에 스크램블드에그와 장조림을 나눠 담아요. 마지막에 버터를 5g씩(조각 버터의 반 개) 올려요.

**따사 Tip**

- 스크램블드에그를 만들 때는 중불로 프라이팬을 달군 다음 버터나 식용유를 두르고 달걀물을 부어 주세요. 젓가락이나 뒤집개로 휘젓다가 익었다 싶으면 바로 불을 끄고 마저 섞어요.
- 스크램블드에그를 만들 때 생크림을 넣어야 해동했을 때 달걀이 촉촉하게 해동이 돼요.

# 참치죽

죽 중에 만들기 가장 만만한 참치죽. 이제 맛있는 죽 만들기는 식은 죽 먹기예요.

**재료**(4~5회분)

밥 520g(햇반 작은 공기 4개)
참치캔 2캔(150g 1캔이나 85g 2개, 취향껏)
물 840ml
당근 1/3개(약 30g)
부추 4줄기(대파나 쪽파로 대체 가능)
간장 1큰술
참치액 1큰술
참기름 적당량

**만드는 법**

**Prep**

1. 당근과 부추를 다져요.

**Cook**

2. 냄비에 밥과 참치 1캔, 채소를 넣은 다음 물을 넣고 중불에서 저어가며 끓여요.
3. 간장과 참치액으로 간을 해요.(싱거울 때는 참치액을 살짝 추가해요.).
4. 밥이 걸쭉하게 죽이 되면 밀프렙용기에 소분한 뒤 죽 위에 참치 1큰술과 참기름을 둘러 보관해요.

보관
냉동 2개월
냉장 2일

해동
전자레인지 5분(냉장 2분)

**따사 Tip**

- 죽 만들 때 물 양에 너무 스트레스 받지 마세요. 죽은 잘 젓기만 하면 완성되는 요리예요.
- 먹기 전에 생달걀노른자를 올려 먹어 보세요. 아주 맛있어요.

DEMI-SEL
NET: 15 G
À CONSERVER
ENTRE +2°C ET +8°C
DEMI-SEL
À CONSOMMER DE PRÉFÉRENCE AVANT LE
La Conviette
BEURRE CHARENTES-POITOU A.O.P.

# 전기밥솥 해물밥

솥밥보다 100배 쉬운 전기밥솥 해물밥. 만들기도 쉽고 특식으로도 좋아요. 굴을 좋아한다면 제철 굴을 듬뿍 넣고 만들어 보세요.

**재료**(6인분)

쌀 5컵(160ml컵 기준)
굴 500g
새우 200g
버터 20g(조각 버터 2개)
쪽파 2줄기
참치액 1큰술
소금 1작은술
쪽파 3줄기
레몬 1/2개

**만드는 법**

**Prep**

1. 굴과 새우는 물에 한 번 헹궈요. 굴에 껍데기가 들어가 있지 않은지 손으로 살살 만져 가며 확인해요.

**Cook**

2. 웍에 버터를 넣고 굴과 새우를 넣어 중불에서 볶아요. 이때 물이 생기는데 그냥 두세요.
3. 쌀을 씻은 다음 물은 버려요. 전기밥솥에 쌀을 넣고 2에서 생긴 물을 한 국자 정도 퍼서 쌀에 넣어요.
4. 전기밥솥 눈금에 맞춰서 부족한 물을 채워 넣고 참치액과 소금을 넣은 다음 숟가락으로 한 번 섞고 취사해요.
5. 밥이 다 되면 밀프렙용기 한쪽에 2를 넣고 나머지 공간에 밥을 넣어요.
6. 5에 쪽파를 잘게 썰어 올리고 레몬을 6등분해서 하나씩 올려요(생략 가능).

보관
냉동 2개월
냉장 1일

해동
전자레인지 5분(냉장 1분)

따사 Tip

남은 레몬은 슬라이스해서 냉동실에 얼려 두었다가 물이나 음료에 넣어 먹으면 좋아요.

# 잠봉뵈르샌드위치

바게트 빵 한 개로 3개를 만들 수 있어요. 이제 집에서 카페 부럽지 않게 만들어 먹어요. 3분이면 충분해요.

**재료**(3회분)

바게트 1개(약 40cm, 300g)
샌드위치햄 100g
버터 30g
하몽 100g
하바티치즈 5장(150g)

**만드는 법**

**Prep**

1. 바게트를 3등분 한 다음 측면을 반으로 잘라요(완전히 다 자르지 말고 여닫을 수 있게 잘라요.).
2. 버터는 얇게 3등분 해요.
3. 바게트 사이에 하몽 → 버터 → 치즈 순으로 올려요.

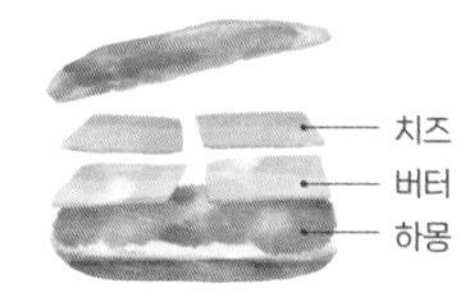


| 보관 | 해동 | 냉장 |
|---|---|---|
| 냉동 3개월<br>냉장 3일 | 실온 10분 후<br>에어프라이어<br>180도 10분 | 에어프라이어<br>180도 5분 |

한 개씩 밀프렙용기에 담거나 글래드랩으로 포장해서 냉동해요.

**따사 Tip**

- 잠봉은 얇게 저민 햄, 뵈르는 버터라는 뜻이에요.
- 요즘은 온라인 마켓에서도 맛있는 하몽을 쉽게 주문할 수 있어요. 저는 잠봉뵈르샌드위치를 만들 땐 '존쿡 델리미트 잠봉 100g'을 사용해요.
- 샌드위치용 버터로는 '앵커 버터'를 사용해요. 칼로 잘라도 잘 부서지지 않아요.

# 얼갈이된장국

매일 먹어도 질리지 않는 된장국! 딱히 무슨 국을 끓여야 할지 모를 때 먹으면 딱이에요. 늦가을이 제철인 얼갈이를 넣어 더 특별해졌어요.

**재료**(6회분)

소고기 사태 600g
얼갈이(약 200g)
소금 1/2큰술

**된장 양념 재료**

된장 1큰술
간장 1큰술
참치액 1큰술
다진 마늘 1큰술
코인육수 2개(생략 가능)

**만드는 법**

**Cook**

1. 사태를 물에 한 번 헹군 다음 물 2L에 소금 1/2큰술을 넣고 약불에서 1시간 동안 끓여요.
2. 1시간 뒤 사태를 건져 식힌 다음 손으로 찢거나 칼로 얇게 썰어요.
3. 사태 건진 국물에 물 1.5L와 된장 양념 재료를 넣어요.
4. 얼갈이는 밑동을 자른 뒤 씻어서 먹기 좋은 크기로 자르거나 손으로 뜯은 뒤 3에 넣어요.
5. 싱거우면 소금 1작은술을 넣어 간을 해요.

**따사 Tip**

- 국은 뜨거울 때 먹으면 싱겁게 느껴질 수 있지만 식으면 짭짤해요. 간을 맞출 때 이것을 기억하고 너무 짜지 않게 간을 해 주세요.
- 국을 얼릴 때는 한 김 식힌 뒤에 얼려요.

Menu

치킨덮밥

미트로프

한 입 돈가스와 샌드위치

앙버터토스트

단호박크림치즈수프

**이 달의 장바구니** ▸ 닭다리살 700g, 돼지고기 다짐육 500g, 소고기 다짐육 750g, 브로콜리 300g, 달걀 2개, 슬라이스 치즈 4장, 식빵 14쪽, 팥 앙금 100g, 단호박 200g, 체다치즈 2장, 밀가루, 빵가루 등

December

# 치킨덮밥

만만하지만 맛있는 치킨덮밥! 자꾸 당겨서 자주 먹어도 질리지 않아요.

**재료**(6회분)

밥 6인분
닭다리살 700g
브로콜리 300g
초생강 240g
감자전분 1/2컵
식용유 넉넉하게

**양념 재료**

소금 1/2작은술
간장 2.5큰술
다진 생강 1작은술
설탕 1/2큰술

**만드는 법**

**Prep**

1. 큰 볼에 닭다리살과 양념 재료를 넣고 버무려요.
2. 1을 감자전분에 잘 묻혀요.

**Cook**

3. 프라이팬 바닥에 다 깔릴 때까지 식용유를 붓고 강불로 켜요. 젓가락을 넣어서 보글보글 기포가 생기면 중불로 바꾸고 닭다리살을 넣고 튀기듯이 구워 치킨을 만들어요.
4. 치킨을 한 입 크기로 잘라요.
5. 밀프렙용기에 밥을 깔고 그 위에 치킨을 올려요. 취향껏 후추를 뿌리거나 초생강과 데친 브로콜리를 곁들이면 더 좋아요.

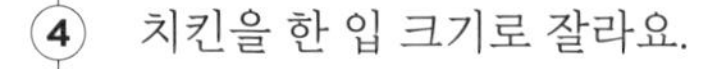

보관: 냉동 3개월
해동: 전자레인지 5분

**따사 Tip**

- 온라인 마켓에서 초생강을 저렴하게 구매할 수 있어요. 튀김류 먹을 때 반찬으로 곁들이면 깔끔하게 잡아 줘요.
- 한 번 만들 때 최대한 많이 만드세요. 맛있어서 인기가 많았던 메뉴 중 하나예요.

Suzie's
YELLOW
MUSTARD

# 미트로프

곱게 다진 고기를 구운 요리, 미트로프. 이제 가공육 햄 대신 미트로프를 만들어 보세요. 활용도가 높아 주기적으로 만들어 주면 좋아요. 특히 아이들이 가장 좋아해요.

**재료**(6회분)

양파 1개(큰 것)

**고기 반죽**

돼지고기 다짐육 500g
소고기 다짐육 750g
빵가루 1컵(180ml)
달걀 2개
소금 1/2 큰술
케첩 1큰술

**미트로프 소스 재료**

케첩 6큰술
원당(설탕) 4큰술
머스터드 2큰술
소금 1/2큰술
후추 조금

**만드는 법**

Prep
1. 양파 1개를 완전히 갈아요.
2. 큰 볼에 간 양파와 고기 반죽 재료를 넣고 잘 치대서 미트로프 반죽을 만들어요.
3. 내열유리에 미트로프 반죽을 2/3만 채워 평평하게 만들어요.

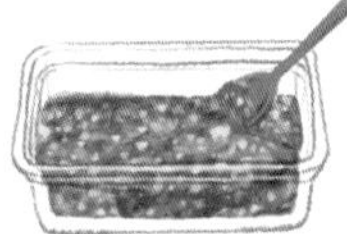

Cook
4. 미트로프 소스 재료를 다 섞은 다음 고기 반죽에 충분히 발라 에어프라이어 180도에서 20분간 구워요.

따사 Tip

- 미트로프를 잘라 169쪽에 있는 샌드위치를 만들 수 있어요.

- 원당은 설탕보다 덜 정제된 천연 당분이에요. 캐러멜 향과 토피 향이 있어 굽는 음식에 풍미를 더해줘요.

보관
냉동 2개월
냉장 3일

해동
전자레인지 5분(냉장 2분)

굽기 전 반죽했을 때 모양이에요.

# 한 입 돈가스와 샌드위치

## 한 입 돈가스

한 입에 쏙. 아이들이 거부하기 힘든 반찬, 우리 집 효자템이에요.

**재료**(5회분)

미트로프 고기 반죽(p.167) 600g
밀가루 2컵
빵가루 3컵
달걀 5개

**만드는 법**

**Prep**

① 미트로프 고기 반죽을 동그랗게 굴려서 밀가루 → 달걀 → 빵가루 순으로 묻혀서 튀겨요.(반죽 안에 보코치니치즈를 넣어도 좋아요.).

② <튀겨서 밀프렙할 경우> 프라이팬에 식용유를 넉넉하게 붓고 중불로 줄인 다음 1을 넣고 5~6분 정도 튀겨요.
<튀기지 않고 밀프렙할 경우> 먹을 만큼 꺼내서 먹기 전에 튀겨요.

보관
냉동 3개월

해동
- 튀긴 것
프라이팬에서 3분 또는 에어프라이어 180도 7분

# 샌드위치

시간이 지나도 줄곧 맛을 유지하는 루꼴라가 샌드위치의 풍미를 올려줘요.

**재료**(4회분)

미트로프(p.167) 400g(취향껏)
식빵 8쪽
루꼴라 30g
슬라이스 치즈 4장
미트로프 소스(p.167) 4큰술
마요네즈 취향껏

**만드는 법**

**Prep**

1. 미트로프를 식빵 크기로 잘라서 구워요.
2. 식빵 위에 미트로프, 치즈, 루꼴라를 올린 다음 미트로프 소스를 1큰술씩 바르고 마요네즈를 뿌린 뒤 식빵을 덮어요.
3. 글래드랩으로 잘 감싸서 냉동해요.

**보관**
냉동 2개월
냉장 3일

**해동**
전자레인지 1분 돌린 후 에어프라이어 160도 10분

**냉장**
에어프라이어 180도 5분

# 앙버터토스트

앙금이 적어 실망하셨나요? 앙금을 양껏 넣어 원할 때마다 디저트 타임 즐겨 보세요.

**재료**(6회분)

팥 앙금 약 100g
식빵 6쪽
버터 60g(조각 버터 6개)

**만드는 법**

**Prep**

1. 식빵을 밀프렙용기에 한 개씩 담아요.
2. 그 위에 팥 앙금을 1큰술씩 올리고 앙금 위에 버터를 올려요.
3. 뚜껑을 잘 닫아 냉동실에 보관해요.
4. 먹을 때는 에어프라이어에 굽고 버터와 팥을 섞어 넓게 펴 발라요.

| 보관 | 해동 | 냉장 |
| --- | --- | --- |
| 냉동 2개월<br>냉장 2일 | 에어프라이어<br>180도 5분 | 에어프라이어<br>200도 2분 |

**따사 Tip**

남은 팥 앙금은 냉동했다가 해동해서 다시 사용해도 돼요.

# 단호박크림치즈수프

생크림과 치즈가 넉넉하게 들어가 상상하는 것 이상으로 달콤함과 부드러움을 즐길 수 있어요.

**재료**(4회분)

단호박 200g
생크림 200ml
물 200ml
설탕 2큰술
체다치즈 2장
소금 1작은술

**만드는 법**

**Prep** ① 냄비에 껍질을 벗긴 손질된 단호박, 생크림, 물, 설탕, 체다치즈, 소금을 넣고 감자 매셔로 으깨요.
* 감자 매셔가 없으면 믹서기에 갈아요.

**Cook** ② 약불로 저으면서 끓여요. 단호박이 익을 때까지만 끓이면 돼요.

**따사 Tip**

- 단호박이 얼어 있다면 실온에서 1시간 정도 해동해요.
- 온라인 마켓에 손질된 단호박을 팔아요.

# Meal Kit

요리 하나 하려고 이런저런 재료를 사 놨는데,
귀찮거나 재료가 남아서 냉장고에 방치하다 버릴 때 종종 있죠?
이제, 재료 버리지 말고 냉동 밀키트로 만들어서 빠르게 요리해요.

## Menu

오징어볶음

새우부추부침개

새우볶음밥

소불고기규동

떡만둣국

부대찌개

어묵탕

우렁된장국

냉이된장국

청국장

보관
냉동 3개월

# 오징어볶음

채 썬 깻잎이 가득 있어 향이 좋은 오징어볶음 밀키트.
후루룩 볶으면 밥 반찬으로 안주로 훌륭해요.

**재료**(밀키트 1개, 2~3인분)

냉동 오징어 300g
양파 1개
깻잎 3장
당근 30g

**양념 재료**

간장 2큰술
굴소스 1큰술
고추장 1큰술
고춧가루 1큰술
올리고당 1큰술
맛술 1큰술

**만드는 법**

**Prep**

1. 양파, 깻잎, 당근은 채 썰고 오징어는 먹기 좋은 크기로 썰어요.
2. 양념 재료를 섞어서 소스용기에 담고 재료와 함께 밀키트용기에 넣어요.

**Cook** — 식용유 두른 웍에 깻잎을 제외한 밀키트 재료를 넣고 볶다가 마지막에 깻잎을 넣고 볶아요.

**따사 Tip**

- 소면을 삶아서 함께 곁들여 먹어도 좋아요.
- 따로 소스를 담을 곳이 없다면 채소들에 소스를 섞어서 밀프렙용기에 넣어요. 생오징어를 쓴다면 채소, 오징어, 소스를 모두 섞어서 용기에 넣어요.

보관
냉동 3개월

# 새우부추부침개

비오는 날 막걸리에 부침개 생각날 때 있죠? 그럴 때 미리 준비해 둔 부침개 밀키트를 꺼내 빠르게 해 먹어요. 비도 오는데 귀찮게 부침개 재료 사러 나가지 않아도 돼요.

**재료**(밀키트 1개, 2~3인분)

칵테일새우 40g(4~5마리)
부추 20g
당근 20g
홍고추 반 개(생략 가능)
부침가루 1컵(130g)
소금 1작은술

**만드는 법**

**Prep**

1. 부침가루를 밀프렙용기에 채워요. 더 바삭하게 먹고 싶다면 튀김가루나 전분가루를 1작은술 넣어요. 그 위에 소금 1작은술을 뿌려요.
2. 부추와 당근은 4cm 길이로 채 썰고 가루 위에 올려요. 새우도 담아요.

**Cook**

1. 요리할 때는 큰 볼에 밀키트 재료를 붓고 물 100ml를 섞은 다음 프라이팬에서 노릇하게 구워요.
2. 홍고추는 어슷썰기해서 고명용으로 얹어요.

**따사 Tip**

밀키트를 냉동실에서 꺼낸 뒤 해동하지 않고 바로 조리해야 더 바삭해요.

보관
냉동 3개월

# 새우볶음밥

양념이 없어도 맛있는 새우볶음밥 밀키트예요. 특히 아이들 방학인 돌밥돌밥 시즌에 여러 개 만들어서 쟁여 두면 정말 편해요.

**재료**(밀키트 1개, 3인분)

칵테일새우 150g
채소 150g(당근 50g, 애호박 50g, 양파 50g 등 원하는 채소를 준비해요.)

**만드는 법**

**Prep**

① 채소를 다져요.

② 밀프렙용기에 새우와 다진 채소를 넣어요.

**Cook** — 웍에 식용유를 두른 다음 밀키트 재료를 넣고 볶다가 새우가 익으면 밥 3인분을 넣고 함께 볶아요. 맛을 보고 소금 1작은술로 간을 해요. 마지막에 후추를 뿌려 마무리해도 좋아요.

**따사 Tip** 사진 속 밀프렙용기는 땡스소윤 600ml예요. 3인분 재료 담기 딱 좋아요.

보관
냉동 3개월

# 소불고기규동

평범한 집밥이 질릴 때쯤, 가끔 외식 기분을 내고 싶을 때 만들어 보세요. 일식당 부럽지 않은 규동을 만들 수 있어요.

---

**재료**(밀키트 1개, 2인분)

냉동 대패 소고기 200g(차돌, 목심, 우삼겹 등 대체 가능)
양파 1개
대파 15g

**양념 재료**

간장 3큰술
설탕 1큰술
굴소스 1/2큰술
맛술 2큰술
다진 마늘 1큰술
참기름 1/2큰술

**만드는 법**

**Prep**

① 양파는 채 썰고 대파는 1cm 간격으로 통째썰기해요. 고기가 크다 싶으면 반으로 자르고 모든 재료를 밀프렙용기에 담아요.

② 양념 재료를 섞어서 소스용기에 담아 고기와 함께 밀프렙해요.

**Cook** — 식용유 두른 웍에 밀키트 재료를 한꺼번에 넣고 볶아요.

**따사 Tip** 밀키트 조리 후 초생강과 생달걀노른자를 곁들여서 먹으면 훨씬 맛있어요.

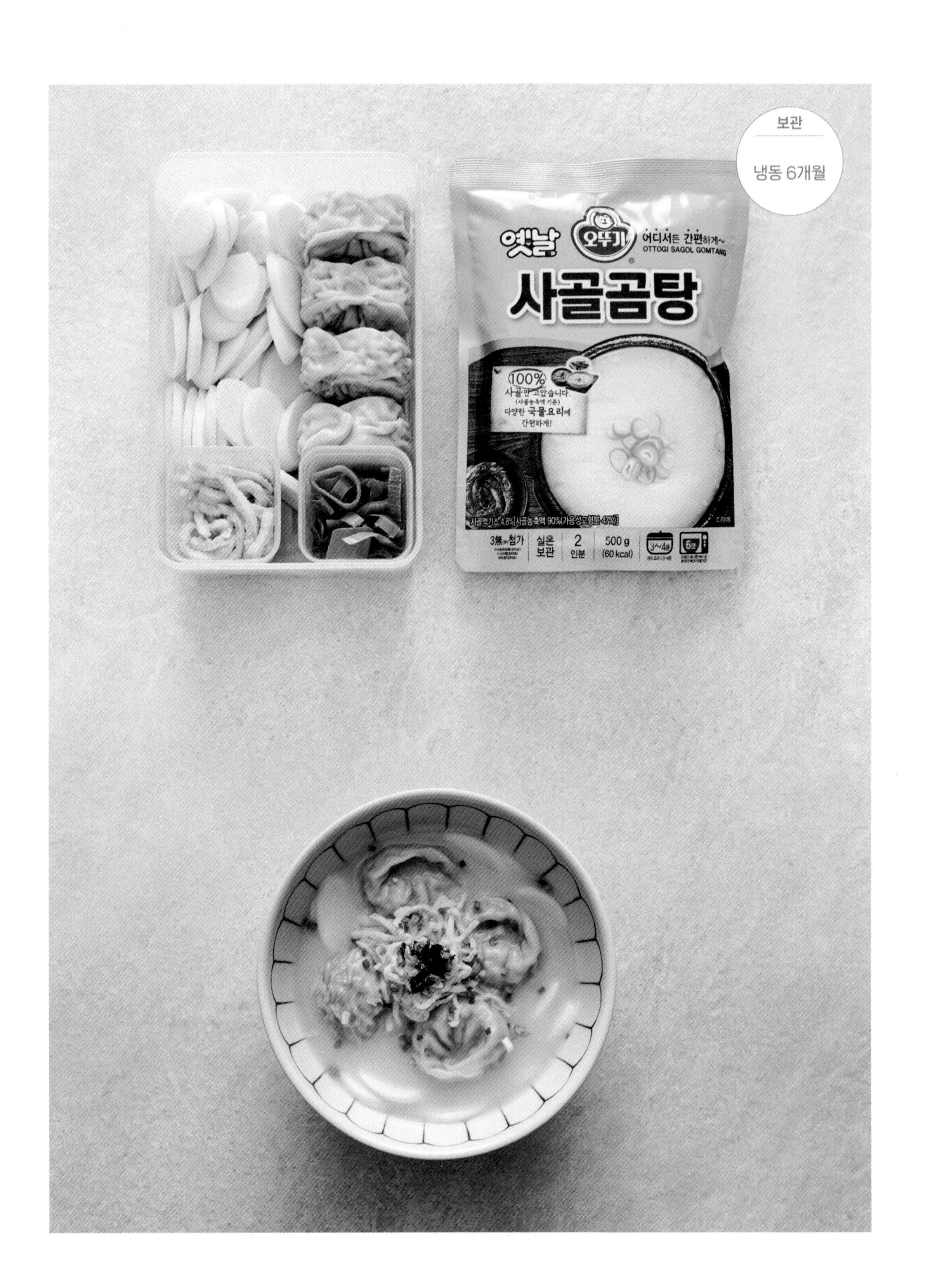
보관
냉동 6개월
옛날
오뚜기
어디서든 간편하게~
OTTOGI SAGOL GOMTANG
사골곰탕
100%
사골만 고았습니다.
다양한 국물요리에
간편하게!
3無 첨가
실온 보관
2 인분
500 g
(60 kcal)

# 떡만둣국

집에서 만들어 먹으면 정말 저렴한데 밖에서 사 먹으면 비싼 만둣국. 이제 냉동실에서 꺼내 5분만에 완성해요.

---

**재료**(밀키트 1개, 1~2인분)

만두200g(4~5개)
떡국떡 100g
대파 15g
달걀 2개
시판용 사골육수 500g(조리할 때 필요)

**만드는 법**

**Prep**
1. 달걀로 지단을 부쳐서 얇게 채 썰어요.(생략 가능).
2. 떡국떡, 만두, 지단을 밀프렙용기에 담아요.

**Cook** — 냄비에 밀키트 재료와 시판용 사골육수를 넣고 끓여요.

**따사 Tip** 시판용 육수에는 간이 되어 있기 때문에 추가로 간을 할 필요가 없어요. 간이 되어 있지 않은 사골육수로 만둣국을 끓일 경우 소금 1작은술 또는 취향껏 간을 맞춰요.

보관

냉동 3개월,
냉장 3일

# 부대찌개

부대찌개 햄과 통조림 콩은 용량이 크기 때문에 밀키트로 해 놓으면 정말 좋아요. 부대찌개만큼 쉬운 요리도 없으니 집에서 간편하게 해 먹어요.

---

**재료**(밀키트 1개, 3~4인분)

부대찌개 햄 200g
통조림 콩 60g
당면 20g
떡국떡 20g
청경채 8g
치즈 1장
양파 1/2개
대파 15g
시판용 사골육수(조리할 때 필요)

**양념 재료**

- **사골육수 있을 때**
  고추장 1큰술
  고춧가루 2큰술
  다진 마늘 1큰술
  간장 2큰술
- **물로 끓일 때**
  고추장 1큰술
  고춧가루 2큰술
  간장 4큰술
  참치액 2큰술
  다진 마늘 1큰술

**만드는 법**

**Prep**

1. 양파는 깍둑썰기하고 대파는 채 썰어요. 당면은 물에 30분 정도 불려 놔요.
2. 모든 재료를 밀프렙용기에 담아요. 양념 재료는 모두 섞은 뒤 소스용기에 따로 담아요.

**Cook** — 냄비에 밀키트 재료와 시판용 사골육수, 물 600ml를 붓고 끓여요. 사골육수가 없을 때는 물 800ml와 양념 재료(물로 끓일 때)를 넣고 끓여요.

보관
냉동 3개월
냉장 5일
오늘우림
만능육수
오늘우림
만능육수

# 어묵탕

야심한 밤, 소주 한 잔 생각날 때 이 밀키트가 간절해질 거예요.

---

**재료**(밀키트 1개, 3~4인분)

어묵 200g
대파 30g
양파 1/2개

**소스 재료**

간장 2큰술
참치액 2큰술
코인육수 1개

**만드는 법**

**Prep** — 양파는 채 썰고 대파는 가늘게 통째썰기한 다음 모든 재료를 밀프렙용기에 담아요. 소스는 작은 용기에 따로 담거나 끓여서 먹을 때 직접 넣어요.

**Cook** — 냄비에 모든 재료를 넣고 물 1300ml를 붓고 끓여요.

**따사 Tip**

- 사진 속 소스용기는 땡스소윤 밀큐브 100ml짜리예요. 밀프렙용기는 땡스소윤 5호 1300ml짜리랍니다.
- 시원한 맛을 원한다면 어묵탕 끓이기 전에 무를 잘라서 한 번 익힌 다음 어묵탕 재료와 함께 끓여요.

보관
냉동 3개월
냉장 2일

# 우렁된장국

우렁 각시처럼 고마운 우렁된장국 밀키트. 이렇게 쉬운 된장국이 또 있을까요?

**재료**(밀키트 1개, 3인분)

우렁이 100g
된장 2큰술
감자 1/2개(40g)
애호박 1/2개(40g)
대파 15g
양파 1/4개
코인육수 1개

**만드는 법**

**Prep**

1. 감자, 애호박, 양파는 작게 깍둑썰기해요.
2. 대파는 얇게 통째썰기해요.
3. 밀프렙용기에 모든 재료를 담아요.

**Cook** — 냄비에 밀키트 재료와 물 600ml를 붓고 끓여요. 감자가 익으면 완성이에요. 마지막에 두부를 넣으면 더 맛있어요.

**따사 Tip** 사진 속 밀프렙용기는 땡스소윤 600ml짜리예요. 냉동실에서 밀키트를 꺼내 용기에 그대로 물을 가득 채운 다음 냄비에 붓고 끓이면 물 양이 딱 맞아요.

보관
냉동 3개월
NEW MAISON
NEW MAISON

# 냉이된장국

냉이 향이 듬뿍~! 누구나 좋아하는 냉이 된장국. 냉동했다가 먹으면 봄의 맛을 오랫동안 느낄 수 있어요.

---

**재료**(밀키트 1개, 2인분)

냉이 30g
된장 4큰술
소고기 400g(차돌박이 또는 샤브샤브용)
대파 15g
두부 1/4모(75g)
양파1/2개(50g)
홍고추 반 개(생략 가능)
코인육수 1개

**만드는 법**

**Prep**

1. 냉이는 물에 5분 불린 후 뿌리를 깨끗하게 씻어서 먹기 좋게 잘라요.
2. 양파와 두부는 작게 깍둑썰기하고 대파는 채 썰어요. 홍고추는 어슷 썰어요.
3. 밀프렙용기에 소고기와 손질한 재료를 담아요. 한편에 된장과 코인육수를 하나 올리세요.

**Cook** — 냄비에 밀키트 재료를 넣은 다음 물 600ml를 붓고 끓여요.

보관
냉동 3개월
냉장 3일

# 청국장

청국장, 은근히 어렵다고 생각했죠? 이제 간편하게 끓여요.
빠르게 엄마 손맛을 느낄 수 있답니다.

**재료**(밀키트 1개, 2인분)

두부 150g
청국장 100g
김치 70g(약 2큰술)
돼지고기 다짐육 150g
대파 20g
간장 2큰술
다진 마늘 1큰술

**만드는 법**

**Prep**

1. 두부는 깍둑썰기하고 대파는 통째썰기해요. 김치는 가위로 잘게 잘라요.
2. 돼지고기에 간장, 다진 마늘을 넣고 버무려요.
3. 밀프렙용기에 1, 2를 담아요. 한편에 청국장을 넣고 코인육수 1개를 올려요.

**Cook** — 냄비에 밀키트 재료와 물 850ml를 붓고 끓여요.

**따사 Tip** 매콤한 맛을 좋아하면 끓일 때 청양고추 한 개를 잘게 썰어서 넣어요.

# 밀프렙 Q&A

## 냉동

**Q. 많이 만들어 두면 물리진 않을까요?**

A. 냉동 밀프렙의 장점은 긴 보관 시간이니 여러 메뉴를 요리해 두었다가 가족의 입맛, 영양을 고려해 한 달 식단표를 짜서 골고루 먹어 보세요.

**안심텐더 만들어서 냉동고에 넣었는데 통에 붙어서 떼어 내기 쉽지 않더라고요. 꿀팁 알려 주세요.**

얼릴 때 간격을 두고 얼리거나 아래 종이호일을 올리고 그 위에 겹치지 않게 간격을 두고 얼리면 하나씩 떼서 드실 수 있습니다.

**냉동은 보관이 더 긴 것으로 알고 있는데 꼭 2~3개월 이내에 먹어야 할까요?**

시중에서 사 먹는 냉동식품이나 식재료를 얼리면 유통기한이 6개월에서 1년 넘는 제품이 많죠? 냉동과 상관없이 보존료나 첨가물 때문에 일반 식품보다 유통기한이 더 긴 경우가 많아요. 음식을 조리해서 냉동할 경우 보통 3개월 이내에 먹는 것이 좋다고 합니다. 냉동고 온도는 영하 18도 이하여야 합니다.

**미트로프는 꼭 만들어서 냉동해야 할까요? 그냥 반죽 상태로 냉동하면 안 되나요?**

반죽 상태로 냉동하면 부피가 크기 때문에 해동하는 데 시간이 오래 걸려서 불편할 거예요.

## 밥

**밥이 들어간 밀프렙을 했는데 해동하니까 푸석푸석하고 딱딱해졌어요. 어떻게 해야 촉촉하게 할 수 있을까요?**

밥이 들어가는 덮밥, 볶음밥 등을 밀프렙할 때는 갓 지은 밥으로 조리해서 밀프렙해 주세요. 또 밥을 밀프렙용기에 담은 뒤 식힌다고 오랫동안 뚜껑을 열어 두지 마세요. 손으로 밀프렙용기를 들 수 있을 정도의 온도면 뚜껑을 바로 닫아 냉동실에 보관해야 해요. 밀프렙 요리가 실온에 너무 많이 노출이 되면 수분이 날아가면서 밥이 건조해져 해동했을 때 푸석푸석할 수 있어요.

**갓 지은 밥으로 했는데 건조하면 어떡해요?**

덜 데워져서 그럴 수 있어요. 1분 더 전자레인지에 해동해 주세요. 덮밥은 덮밥 양념을 밥 옆이 아닌 밥 위에 올려요.

## 해동

**냉동했던 고기를 해동하니까 냄새가 나는데 어떡할까요.**

생고기를 바로 얼렸다가 꺼내서 조리하면 냄새가 나지만 신선한 고기를 조리한 뒤 얼렸다가 다시 조리하면 냄새가 거의 나지 않아요. 요리 후 냉동 밀프렙의 장점이기도 해요.

**냉동실에 들어갔던 음식을 꺼내 다시 전자레인지에 돌리면 맛이 약간 이상해지는 것 같아요. 왜 그럴까요?**

신선한 재료를 조리한 뒤 냉동하면 해동했을 때도 맛이 크게 변하지 않더라고요. 또 전자레인지 해동 시간을 잘 지키고 조리 후 간이 맞지 않다면 입맛에 맞게 살짝 간을 해주세요.

**뚜껑 있는 유리용기를 구입했는데 뚜껑을 닫고 데우는 걸까요?**

전자레인지에 음식을 데울 때는 뚜껑을 완전히 닫고 데우면 안 돼요. 스팀홀을 열고 돌리거나 뚜껑은 빼고 그릇 위에 비닐랩을 감싼 다음 구멍 한두 개를 뚫은 뒤 데워요.

**파스타를 밀프렙할 때 유리용기 대신 전자레인지용 용기에 얼렸다가 바로 데워 먹어도 될까요?**

냉동 가능한 소재라면 전자레인지용 용기에 넣고 얼렸다가 바로 해동해서 먹어도 돼요. 꼭 유리용기가 아니어도 괜찮습니다.

**냉동되었던 유리용기를 바로 전자레인지에 돌리면 깨지지 않을까요?**

제 영상이나 이 책에 나오는 유리용기는 냉동실에서 꺼내 바로 전자레인지에 데워도 깨지지 않는 제품들입니다. 밀프렙용 유리용기에 음식을 담아 그릇째 바로 전자레인지에서 데운다면 내열유리인지 꼭 확인하고 안내글이나 상품 설명에 몇 도까지 내열이 가능한지 확인해 보세요. 그래도 정 불안하다면 전자레인지 가능한 밀프렙용기나 실리콘용기를 사용하는 것을 추천드려요. 또한 내용물이 너무 뜨거운 상태에서 바로 냉동할 경우 꺼내서 데웠을 때 깨지기도 한답니다.

**레시피에 나온 대로 해동했는데 다 안 익은 것 같아요. 왜 그럴까요?**

실내 온도나 날씨, 전자제품 성능에 따라 익힘 상태가 조금씩 달라질 수 있어요. 레시피대로 해동했는데도 조금 덜 익었다고 느껴지면 30초~1분씩 더 돌려 보세요.

**떡볶이 떡은 전자레인지에 돌려도 딱딱하던데 오래 돌리면 부드럽나요?**

국물을 넉넉한 떡볶이를 전자레인지에서 돌리면 수분이 떡을 말랑하게 해주어 촉촉하고 쫀득하게 먹을 수 있습니다.

## 요리 및 재료

**마라탕 만들 때 어떤 소고기를 넣어야 할까요?**

샤브샤브용 소고기를 쓰면 좋지만 불고기용 소고기나 차돌박이도 괜찮아요.

**미트로프 속이 좀 빨갛게 보이는데 괜찮을까요?**

시간대로 익히셨다면 다 익었겠지만, 그래도 걱정된다면 5분 정도 더 익혀 주세요.

**양파의 매운맛은 어떡하죠?**

양파의 매운맛이 염려될 경우 약불에서 양파를 충분히 익히거나 따로 볶아서 사용하는 것이 좋습니다.

**채소가 들어간 샌드위치를 냉동했다가 해동하면 맛이 이상할 것 같은데 괜찮나요?**

따뜻한 음식 위에 채소를 올려 숨이 살짝 죽거나 피자 위에 채소를 넣고 익혀도 맛이 잘 어우러지죠? 이 책에 나오는 밀프렙 식빵이나 토스트에 들어가는 채소들은 해동해도 딱 그 정도의 익힘 정도로 표현돼요. 루꼴라나 바질 같은 몇몇 푸른잎 채소는 숨이 살짝 죽어도 향이 살아 있고 물이 많이 나오지 않아 음식 맛이 많이 변하지 않습니다.

## 주방도구

**글래드 랩의 끈적이는 부분이 샌드위치에 닿아도 괜찮을까요?**

글래드랩의 끈적이는 성분은 츄잉껌 성분의 일종으로 대부분의 제품이 미국 FDA와 우리나라 식약처 등 인증을 받은 성분으로 인체에 무해하다고 해요. 글래드랩을 구매하실 때 인증을 받은 제품인지 확인해 보세요.

**유투브 영상에서 김치찜할 때 쓴 큰 냄비 사이즈가 궁금해요.**

고기 1200g, 김치 한 포기 넣는 김치찜을 만들 때 지름 24cm짜리 냄비를 사용하고 있어요. 물을 넣지 않고 약불에서 조리하기 때문에 냄비가 많이 클 필요는 없어요.

# 월간 집밥
# 밀프렙용기

밀프렙용기는 수납이 편리하고 냉동&전자레인지 활용이 가능한 제품이면 다 좋아요. 자주 쓰는 밀프렙용기를 소개해 드릴게요.

**락앤락 DosiLock 밀프랩 1단 도시락**

가장 애용하는 밀프렙용기 중 하나예요. 브런치나 덮밥 등 어떤 요리를 담아도 좋아요. 특히 카레를 담을 때 변색이 되어도 티가 크게 나지 않더라고요. 통째 밀프렙해 두었더가 회사나 학교 등 바로 도시락처럼 싸 들고 가기도 좋아요. 전자레인지, 냉동실 모두 사용 가능하고 식기세척기도 사용 가능해요.

**락앤락 탑클라스 실리콘뚜껑 유리밀폐용기 직사각 630ml**

내열유리라서 PP 소재의 밀프렙용기보다 오래 데우거나 에어프라이어에 바로 넣어 쓸 수 있다는 장점이 있어요. 여닫는 게 편한 실리콘캡에 스팀 배출구가 있어서 음식을 더욱 촉촉하게 만들어 준답니다. 가장 자주 사용하고 있어요.

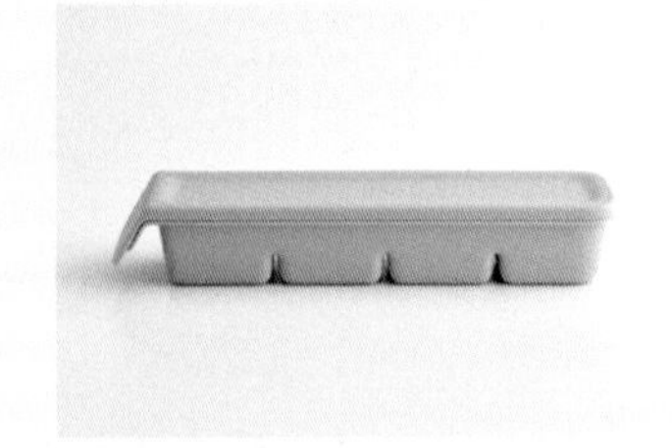

**퍼기 슬림 멀티큐브 4구 50ml**

이유식용으로 많이 사용하는 큐브예요. 채소 볶음, 참치김치볶음, 미소된장국 등 덮밥 소스나 국을 밀프렙하기 좋아요. 하나씩 쏙쏙 빼서 사용하기 좋고 열탕 소독, 식기세척기 이용도 가능하답니다.

**락앤락 바로한끼 도자기 밥용기 355ml**

밥 한 공기가 알맞게 들어가는 용기예요. 뚜껑만 열면 그대로 예쁜 밥그릇이 돼서 간편해요. 밥, 반찬, 국까지 활용 가능하고 250ml, 450ml도 있으니 용도에 맞게 선택해서 사용하면 돼요.

**킬너 블랙퍼스트 자세트**

요즘 오버나이트 오트밀이나 요거트 담는 용도로 많이 사용하는 용기예요. 저는 주로 리소토나 스파게티를 넣어 먹는데 한 끼 양으로 적당하고 예뻐서 종종 사용한답니다. 숟가락이 세트라서 도시락처럼 챙겨가기도 편해요.

**네오플램 냉동밥보관용기 360ml**

투명해서 속이 보이는 밀프렙용기예요. 밥뿐만 아니라 반찬통으로도 많이 활용하더라고요. 이 제품도 스팀 배출구가 있어서 뚜껑을 닫은 채 스팀 배출구만 열어 주면 촉촉하게 데울 수 있답니다. 전자레인지, 식기세척기 모두 가능해요.

**시스테마 원형 스텍 런치박스 965ml**

가볍지만 환경호르몬 걱정이 적은 제품이에요. 저는 주로 덮밥류를 담을 때 많이 사용해요. 뚜껑에 숟가락이 있고 아래 칸은 분리해 두었다가 아침에 도시락으로 챙겨 나갈 때 과일이나 샐러드만 담아서 결합하면 후식까지 해결할 수 있는 한 끼 도시락통이 된답니다.

**웩 NO.751 200ml**

장조림이나 피클 등 한 끼 반찬용 용기로 사용하고 있어요. 실리콘 뚜껑을 세트로 구매하면 반찬 밀프렙할 때 편하고 다른 데 담을 필요 없이 바로 꺼내서 먹을 때도 예쁘고 좋아요.

# 재료별 찾아보기

# 가나다 찾아보기

# Epilogue

지난해 여러 가지 일들이 많았어요. 영상은 물론 책도 많이 사랑받아 행복했지만 영상에 담을 수 없던 개인적인 일도 있었고, 더 좋은 영상을 만들기 위해 고민이 많아 밤잠 이루지 못한 날도 많았어요. 하지만 아무리 스트레스받고 머리 복잡한 일이 있어도 가족을 위해 요리할 때면 행복했어요. 요리할 때 머리가 맑아지고 기분 전환도 되었답니다. 평소에 좀 생각이 많은 편이라 그런지 요리할 땐 그 순간에 오롯이 집중할 수 있어서 좋았어요.

처음 유튜브에 영상을 올렸던 때가 생각나네요. 코로나가 유행할 쯤, 유치원도 가지 못하는 아이들을 돌보느라 지쳐 있었어요. 요리를 좋아하긴 했지만 하루종일 아이들 밥을 차려 주려니 꽤나 버거웠나 봐요. 그때는 저도 어떤 요리 채널의 구독자로만 있을 때였는데 새로운 콘텐츠가 빨리 업로드가 되지 않아 답답하기도 했어요. 그러다 문득 '내가 콘텐츠 생산자가 되어 보면 어떨까?' 하는 생각이 들더라고요. 웹디자이너로 잠깐 일했던 경력을 살릴 수 있을 것 같다는 자신감이 솟구치기도 했지요. 생각난 김에 바로 실행에 옮겼어요. 값싼 편집 프로그램을 다운로드 해서 어설프지만 열심히 영상 하나를 만들었어요.

처음에는 핸드폰으로 찍어서 화질이 형편 없었지만 그때 열정이 다시금 기억납니다. 지금도 부족한 면이 많지만 그때는 큰 그림을 보지 않고 하루하루 요리하는 영상을 올렸던 거라 서툰 모습도 많이 보였어요. 그런데 하나둘 달린 댓글에 마음이 참 따뜻해지더라고요.

유튜브를 통해 요리 이야기를 나눌 때만큼은 시간 가는 줄 몰랐습니다. 응원뿐만 아니라 궁금증도 있고, 본인 삶 이야기 등을 진솔하게 해주실 때 저도 모르게 언니처럼 동생처럼 때로는 친구처럼 공감하며 댓글을 달게 되었어요. 지금처럼 구독자가 많지 않을 때부터 한결같이 응원해주시는 분들에게 정말 감사한 마음이에요. 저는 제 영상을 봐주시고 제 요리 덕에 한 분이라도 도움이 된다면 그걸로 충분합니다.

쉽지 않지만 세상에 따뜻한 사람이 되는 게 목표였는데 여러분께서 저를 더 따뜻한 사람이 되게끔 만들어 주는 것 같아요. 앞으로도 누군가의 인생에 도움이 되는 요리를 공유하며 따뜻한 수다를 나눌 수 있는 콘텐츠 창작자가 되겠습니다.

모두들 따뜻한 하루 보내세요.

따뜻한 여사 김수림

따뜻한 여사의

# 월간 집밥

**초판 1쇄 발행** 2025년 4월 7일

**지은이** 따뜻한 여사 김수림
**펴낸이** 김영조
**편집** 김시연, 조연곤 | **디자인** 정지연 | **마케팅** 김민수, 조애리, 강지현 | **제작** 김경묵 | **경영지원** 정은진
**일러스트** 김수림 | **사진** 일오스튜디오 이과용, 류주엽, 박근성
**펴낸곳** 싸이프레스 | **주소** 서울시 마포구 양화로7길 44, 3층
**전화** (02)335-0385 | **팩스** (02)335-0397
**이메일** cypressbook1@naver.com | **홈페이지** www.cypressbook.co.kr
**블로그** blog.naver.com/cypressbook1 | **포스트** post.naver.com/cypressbook1
**인스타그램** **싸이프레스** @cypress_book | **싸이클** @cycle_book
**출판등록** 2009년 11월 3일 제2010-000105호

**ISBN** 979-11-6032-245-3 13590